機械デザイン

博士(工学) 菱田 博俊
博士(工学) 御法川 学 共著
博士(工学) 直井 久

コロナ社

まえがき

　ベートーヴェンのころを境に金管楽器にバルブ（ピストン）が付くようになり，それまで自然倍音しか出せなかった金管楽器が音階を奏でられるようになった。この結果，古典派音楽では想像もできなかった新しい管弦楽技法，すなわち金管楽器を音階楽器として使用する技法がロマン派音楽以降用いられ出した。楽器の進歩が，音楽の歴史を今日見られるように変えたのである。

　先日，高度救命救急センターに行く機会を得た。ナースセンターと部屋続きの重病看護室には，開頭手術を終えた70歳近くのくも膜下出血患者が，体に幾つもの管を入れながら，実に多くの電子機器に見守られて一命を取り留めていた。今日では少し大きい病院ならどこでも医療設備が充実しており，一昔前にはさじを投げられた尊い命も随分助けられるようになったのはありがたい話である。

　航空機，電子計算機，携帯電話等，例を挙げればきりがないが，機械の進歩は間違いなく文明の進歩の中核となって，人類の歴史をリードしている。その機械を設計および製作するためには，図面が必要である。その意味では，適正なる図面を描くことは，文明の中核，ひいては人類の歴史を支える重要な作業であるともいえる。

　ところで紙に線を描くという作画作業は，おそらく誰もが少なくとも子供の頃に体験した馴染み深い作業ではなかろうか。しかし，この作業の延長にあるとはいえ，工学製図は少々敬遠されがちな作業であることも確かである。その理由の一つは，楽しく描けばそれでよかった作画作業とは異なり，工学製図は正確に描かなければならないことにあろう。図面は三次元物体を二次元紙面上に描いたものであり，この次元1つの低下が，正確な図面の製作や解釈を時として困難なものとしている。これは本質的には三次元の幾何学であるので，慣れない者にとっては理解し難いケースが多いのである。

　図学製図の教科書は，一般的にはこの三次元の幾何学を中心に解説されているが，本書では，馴れと体感によって読者が図面と三次元物体との対応関係をイメージできるようになることを目的とした。そこで本書は初心者向けにあえて感覚的な教科書として，ビジュアルに仕上げてある。

　機械デザインに必要な知識を，各章ごとにわかりやすく解説したので，読者は肩を張らずに読めることと期待している。また，演習問題を各節末に設けたので，それを解きながら各節の理解を深めて欲しい。章末課題をじっくりこなすことで学習効果が向上し，結果として図学製図の能力の評価ができることとなるだろう。

まえがき

　本書は，大学で図学製図講義資料として作成したものを編集し直したものである。推敲にいささか時間をかけ足りなかった節もあるが，著者等の熱意を汲み取っていただければ幸いである。また，コロナ社の各氏には本書の出版にあたっていろいろお骨折りをいただいたことを記し，謝意を表したい。

2001年11月

菱田博俊
御法川　学
直井　久

目　　　次

オリエンテーション ……………………………………………………………… *1*

I．描画の基本技術

1. 直線描画技術の基礎 ………………………………………………………… *6*
2. 円弧等の曲線描画技術の基礎 ……………………………………………… *11*
3. 直線と円弧の連結描画技術 ………………………………………………… *17*
4. 平行線の描画技術 …………………………………………………………… *23*
　課　題　I ……………………………………………………………………… *28*

II．製図の基本

5. 特　徴　の　抽　出 ………………………………………………………… *29*
6. 図　法　の　分　類 ………………………………………………………… *34*
7. 直軸測投影図 ………………………………………………………………… *41*
8. 斜軸測投影図 ………………………………………………………………… *47*
9. 透　視　投　影　図 ………………………………………………………… *52*
　課　題　II ……………………………………………………………………… *58*

III．図面の解析

10. 三面正投影図と交点 ……………………………………………………… *59*
11. 切　　　　　　断 ………………………………………………………… *67*
12. 陰　　　　　　影 ………………………………………………………… *72*
13. 相　　　　　　貫 ………………………………………………………… *76*
14. 履　歴　と　展　開 ……………………………………………………… *80*
　課　題　III …………………………………………………………………… *83*

IV. グラフの作成と解釈

- 15. 視覚のパターン認識効果 …………………………………… *84*
- 16. 離心率と関連する基本曲線 ………………………………… *90*
- 17. 物理現象を記述する曲線 …………………………………… *101*
- 18. グラフの分類と特性 ………………………………………… *105*
- 19. 分類と補間 …………………………………………………… *111*
- 課題 IV ………………………………………………………… *118*

V. プレゼンテーション

- 20. プレゼンテーションとは何か ……………………………… *119*
- 21. 要素と構成 …………………………………………………… *123*
- 22. 配置 …………………………………………………………… *129*
- 課題 V ………………………………………………………… *138*
- 索引 …………………………………………………………… *140*

オリエンテーション

必ず最初に読んでもらいたい！

重大な使命

　工学をこれから学ぼうとしている，あるいは今まさに学んでいる諸君，実は**諸君の使命は重大**なのだ。だって社会のどこを見ても，物がなくては始まらないではないか。諸君のまわりには，生活に必要不可欠な物がたくさんある。家が，自動車や電車等の交通施設が，水道や電線等のライフラインが，レジャーランドや映画館等の娯楽施設が，病院や薬局等の医療施設がなかったら，さて，諸君の生活はどうなることか。おっと，コンピュータや携帯電話も大切だったね。

　この本を手にした諸君は，間違いなく**将来の社会を支える**ことになる。現在を支える先輩，先生あるいは親は年には勝てず引退しているだろうし，後輩や近所の子供らはまだまだ頼りないのだ。諸君がやらなきゃ誰もできない。将来の世界人類のために，今のうちにしっかり工学を学んでおいてくれたまえ。絶対に頼むよ，これは冗談ではないからね。

すべきこと

　さて工学とは，そもそも「**人間の生活にとって有意義な物体を創出する学問**」だ。ということは，それを学ぶ諸君がすべきことは簡単に判明する。それは

（1）　有意義とはどういうことであるかを見定めて
（2）　その実現に効果的または必要となる物体が何かを検討し
（3）　実際にそれを製作する

ことである。

　何が有意義かを考えることは，**諸君の哲学**そのものだ。これは教えられるのではなく，いろいろな体験と苦悩を通して自分で見つけていくしかないものだ。この行為はすなわち，諸君が諸君なりに生きている証でもある。そして何が有意義かをわかってしまえば，その実現に効果的または必要となる物体がどんな物であるかは，おのずとはっきりするものである。

　さて，問題はそれを製作する時に発生する。諸君のその手だけでそれを製作することが困難な場合が，不運にも実際には多い。この場合諸君は，どんな材質で，どんな方法で，どんな形状にして，それをどう仕上げるかを，製作を手伝ってくれる仲間に対して**情報として正確に伝えなければならない**。

意思伝達手段としての図面

　諸君は，言語，音声，画像等，いろいろな情報伝達手段を知っているはずだ。工学において適切な情報伝達手段は，客観的かつ視覚的な画像である場合が多い。

　画像の中でも，グラフ，ポンチ絵，設計図等，通常人間の手によって描かれるものを図面と呼ぶ。そう，**図面こそが工学物体の製作に欠かせない重要な情報伝達手段**なのだ。情報とはすなわち諸君の意思であり，それをわかってもらうために図面を用いるのである。

　諸君自身のことをわかってもらえるかどうかは，図面の良し悪しによって大きく左右される。諸君が全霊を込めて創出しようとした工学物体が，図面が不出来であることだけの理由で，いざ出来上がってみると意図外れな物体だったら，諸君は悔やんでも悔やみきれないだろう。工学を学ぼうという諸君は，図面を上手に作製するための知識技術を，何が何でも**体得しなければ損をする**のだ。

本書の構成

というわけで著者らは，諸君が**図面に不慣れ**であることを前提に，**図面を上手に創造する**（一から作製する）ための教科書として本書を執筆した。既にかなり図学や製図に慣れ親しんだ諸君や，その詳細な技法的内容を学習したい諸君は，より高度な（一般の）参考書に進んでもらいたい。

本文は5章で構成されており，各章を一まとめに学習するとけじめを付けやすいと思われる。Ⅰ章は**上手な線の引き方**を学習する章であり，必ず最初に読んでもらいたい。Ⅱ章は，存在する**様々な図法**の違いを理解し，それらの作図技術を学習する章である。Ⅲ章は，三面図において既に描画された図面を**解析**し，新たに作図する手法を学習する章である。Ⅱ章で描画する図を**主図**，Ⅲ章で作図する図を**副図**と称するが，これらの章では言葉より内容の本質を理解しよう。Ⅳ章では**グラフ**の在り方を通して，形状の持つ意味を体感してもらう。グラフが工学分野で重要であることは明白であり，この章が諸君の助けとなることは間違いない。Ⅴ章は，今まで描画してきた図面を複数用いて，1枚の大きな図面を**プレゼンテーション図面としてまとめ上げる**ための技術を学習してもらう。

各章共，内容ごとに節に分割し，各節は「ポイント」，「予備知識」，「基本」，「発展」，「体験」，「参考」，「演習」，「秘話」等の各項で構成した。節順に，少なくとも「ポイント」，「基本」および「演習」は必ず学習していってもらいたい。もちろん気が向いたら，他の項も読んでもらいたい。各章末にはA3寸法の課題を用意してあるので，必ずトライしてほしい。

本書と共に必要な道具

本書で扱うすべての製図は，初心者向けということで**黒色鉛筆描き**とする。そこで，次のものをそろえてもらいたい。

　　　線を描く道具：鉛筆またはシャープペンシル（2B程度，芯の太さを3通り用意）

　　　円弧線を描く道具：コンパス（2B程度，芯の太さを3通り用意）

　　　芯を整えるための道具：ナイフまたは鉛筆削り機，ヤスリ

　　　線を消す道具：消しゴム

　　　直線を描くための道具：直線定規（できるだけ長いもの），三角定規（2種類）

　　　章末課題を描く紙：ケント紙（A3寸法を6枚）

　　　演習や練習のための紙：できるだけ白くてすべすべの紙

鉛筆は2B程度の軟らかさとし，異なる太さに調整したものを併用できるように3本は必ず用意しよう。鉛筆はナイフで削るのがよいが，便利になった昨今，電動鉛筆削り機しか使

えないことがあってもそれは目をつむる。最近はいろいろな太さの芯に対応するシャープペンシルもあり，これも使い慣れれば便利である。消しゴム，定規類，コンパスも必要だ。これらはばらでそろえてもよいし，製図セットを購入してもよい。製図セットには，ほかに消しゴム用テンプレート，英数字用テンプレート，曲線定規等，便利な小道具が付いているかもしれないが，本書では初心者向けということでこれらの使用法について詳細には記述しない。

演習は本書に直接描き込んでも構わないし，別の紙を使ってもよい。その時使う紙は，なるべく白くてすべすべなものを選ぼう。薄手の紙だと下手すると破けてしまうよ。各章末課題はＡ３ケント紙にやってもらいたいので，それを少なくとも６枚は用意すること。そうそう，課題をしまっておくケント紙ケースもあった方がよい。

I. 描画の基本技術

1. 直線描画技術の基礎

ポイント

図面の作製とは言わば，複数の線を紙上に適当に配置することである。したがって諸君は，図面を作製する前に**線を上手く描ける**ようになっておかなければならない。

一口に線といっても，**太さ**，**調子**は多岐にわたる。これらの線を自由に操れるようになることで，**図面の見栄え**は大きく向上する。そのためには，とにかくひたすら線を描くことである。製図初心者の諸君が描くべき線は

(1) 太さの異なる2種類の線：太線と細線
(2) 調子の異なる3種類の線：実線，破線，一点鎖線

の組合せの結果できる6種類の線であって，まずはこれらの直線を描画（図面上に描くこと）する練習をするのがよい。

製図分野における直線とは，2つの端点を有するまっすぐな線分である。すなわち直線描画の際，以下の2つが重要なポイントとなる。

(1) 両端を**正確に位置させる**。
(2) 両端間を，**等しい太さでまっすぐ結ぶ**。

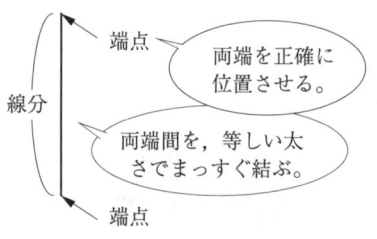

基本

図 1.1に，太さの異なる3種類の線を示す。本節で考える線の太さは，「**太線**」および「**細線**」の2種類とする。実際の製図では更に太さの異なる線がしかるべき箇所に配置されるが，さしあたりは2種類あれば十分である。可能であれば，これらの中間の太さの「中線」も描けるように頑張ってみよう。

図 1.2に，太さの異なる線に対応する鉛筆の芯の削り方を示す。太さの違いは芯の削り方

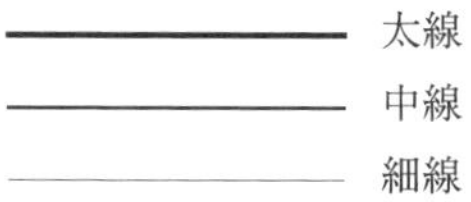

1. 直線描画技術の基礎　　7

図1.1　太さの異なる3種類の線

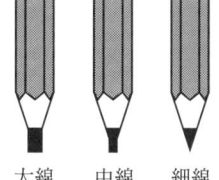

図1.2　太さの異なる線に対応させた鉛筆の芯の削り方

（シャープペンシルであれば芯太さ）で与えるのが普通だが，鉛筆でなぞる回数を変化させる等の幾つかの別な方法もある。なお，太さを変化させることと**濃さ（筆圧）**を変化させることは違うので，注意すること。

図1.3に調子の異なる5種類の線を示す。本節で考える線の種類は，「**実線**」，「**破線**」，「**一点鎖線**」の3種類とする。実際の図面では加えて「二点鎖線」がしかるべき箇所に登場するが，本書は製図入門編であるのでさしあたりは3種類とする。点線は一般的な工学製図では用いない。

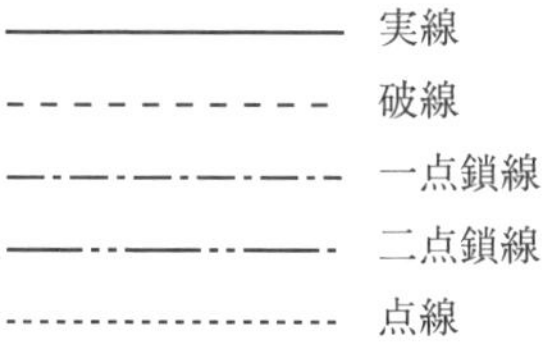

図1.3　調子の異なる5種類の線

直線描画には，特別な理由がない限り定規を用いるのが普通である。**図1.4**および**図1.5**にそれぞれ，定規の辺の形状と鉛筆の走らせ方および定規の使い方を示す。一般的な定規は辺面が垂直であり，描こうとする直線に辺が重なるように定規をセットし，辺に鉛筆またはシャープペンシルの芯の先端を密着させて描画する。一方で，インクによる直線描画専用の

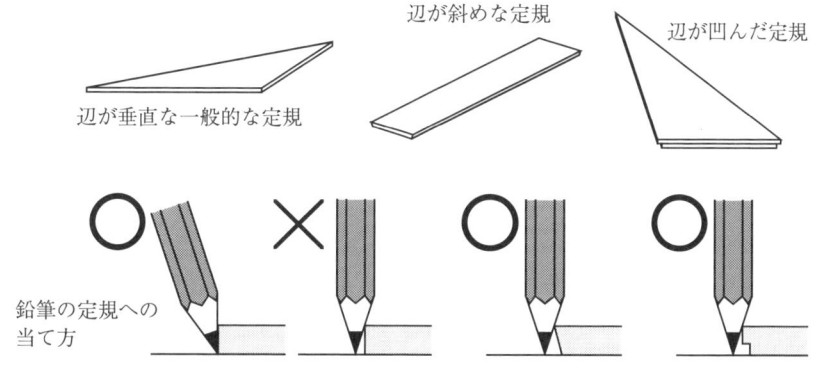

図1.4　定規の辺の形状と鉛筆の走らせ方

I. 描画の基本技術

図1.5 定規の使い方

定規は辺面が斜めか，あるいは垂直であるものの少なくとも片端がへこんでおり，紙との間に隙間ができるようになっている。この隙間のお陰で，インクが紙と定規の隙間に入ってにじむことがない。鉛筆描画にこのインク用定規を用いる場合には，鉛筆が辺面全体に密着するようにする。

力まずに一気に描画すると，線の太さや強さが変化しにくい。

発 展

コミュニケーションでは，**重要な情報ほど強調**する。例えば文字によるコミュニケーションでは，強調とは大きな文字や下線を用いること等である。また音によるコミュニケーションでは，大きな音や特徴的な音色を用いること等である。同様に製図における強調とは，**実線や太線**を用いることである。

映画や音楽では，様々な役者，音や色，あるいは情景が交錯し合って全体として面白い効果を創出している。その時々で重要な人物や風景，色彩や旋律が強調され，それがより目立つように，脇役や伴奏は前面に出ず，縁の下の力持ちとなっている。製図も同様である。線の持つ重要度はどんな線で描画するかにより決められ，線の選択を誤ると見当外れの製図効果が出現して驚くことになる。以下の観点により重要度を判断するとよい。

（1） **前面**に位置する線はより重要である。
（2） 実際に**存在する線**や**見える線**は，架空の線（補助線や寸法線等）や**見えない線**（隠れ線）よりも重要である。
（3） **境界線**や**輪郭線**は，**陰影線**や**模様**よりも重要である。
（4） 配置図や室内図等の場合には，議論の対象や人間の座る位置がより重要度が高い場合もある。

今作製している図面の目的を理解していないと，適切に描画できないことになる。

製図は特別にあらず！ ラブレターも広告も，すべては誰に何を伝えたいかである。普通にちゃんと考えれば，製図はできるのである。

1. 直線描画技術の基礎

体　験

　図1.6は，内燃機関の一部を断面視したものである。ただし（a）と（b）はそれぞれ，単一種類の線で描画した図と，いろいろな種類の線を混在させて描画した図である。どちらが見応えあるかは，一目瞭然である。

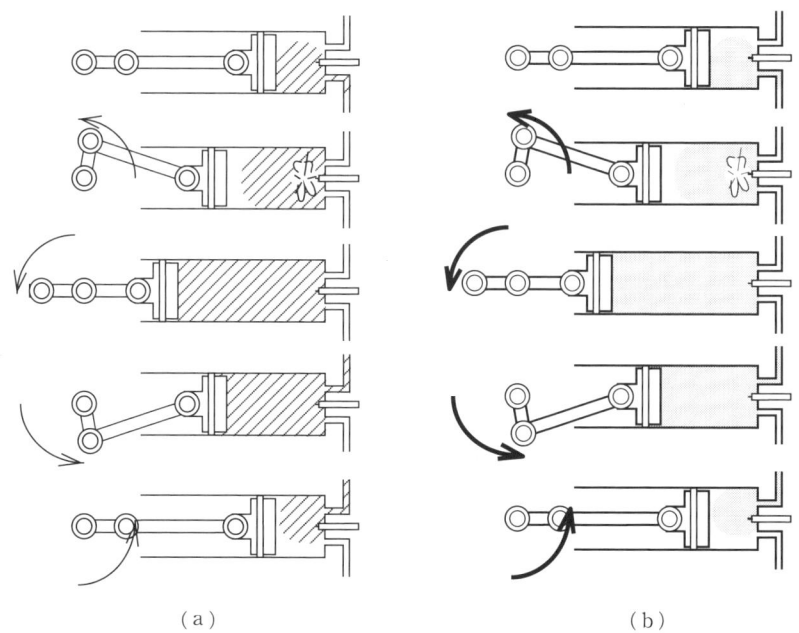

(a)　　　　　　　　　　　　　　(b)

図1.6　内燃機関の一部を2通りの描画で比較した図

I. 描画の基本技術

演　習

【1.1】　例にならって，垂直線と水平線を描画しなさい．3種類の太さと4種類の調子の例を示したが，最低限太線と細線，および実線と破線と一点鎖線だけ描画すれば結構．太さ，および破線や鎖線の線の切れ目の間隔は，各自の考えで定義しなさい．また，同じ記号を持つ二点を結ぶ直線を描画しなさい．線の太さや種類は自由とする．

右利きの諸君は8時→2時方向の直線が，左利きの諸君は4時→10時方向の直線が，腕の機構上最も描きやすい．しかしこれは練習であるから，本書を傾けずに描画しなさい．

2. 円弧等の曲線描画技術の基礎

> ポイント

　直線と共に図面を構成する要素は曲線であり，その**多くは円弧**（arc）である。本節では，基本的な太さ，種類の曲線を，円弧を中心に描画する練習を行う。

　曲線の持つ曲率は一般には一定（すなわち円弧）とは限らないが，製図においては**円弧の一部を連結**して描画することが多い。この理由は，円弧はコンパスや円定規により比較的容易に描画できるからである。曲線を描画する際のポイントは，直線のそれと同様に以下の2つに絞られるが，特に第一のポイントが重要である。

（1）　閉曲線では，描画開始点と終了点とを一致させる。
　　　開曲線では，両端を正確に位置させる。
（2）　曲線描画中に，太さが変化しないようにする。

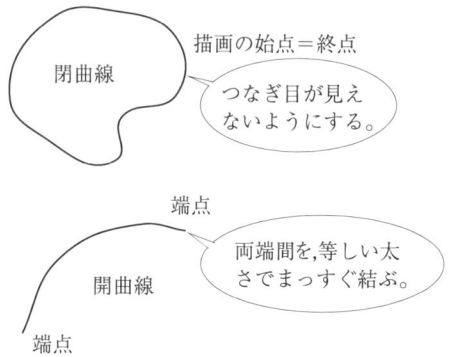

> 基　本

　工学製図では，円弧はコンパスまたは円定規，楕円は楕円定規または曲線定規，それ以外の曲線は曲線定規を用いて奇麗に描画する。下手な曲線描画は，それがどんな曲線であるかを誤解させるもとであるので，望ましくない。

　本節では，比較的大きな円弧を**コンパス**を用いて，自由曲線を**フリーハンド**で描画する練習を行う。円定規，楕円定規または曲線定規はあえて用いない。フリーハンドそれ自体は工学製図で用いるわけではないが（いや，上手に描画できる諸君は，用いてもよい），曲線定規を使った曲線描画の訓練にもなる重要な基礎練習といえる。諸君の**げんこつ**より小さい円弧と曲率が似た曲線は，フリーハンドで速く奇麗に描画しやすい。

　コンパスの鉛筆は，鉛筆同様円錐形に削るか，さもなくば回転させる方向に長目になるよ

うに，太さを調整して削る。**図2.1**に，コンパスの芯のそろえ方を示す。脚を閉じた時の鉛筆の先端と針先の位置は，常に**同じ**になるようにしておく。

図2.1 コンパスの芯のそろえ方

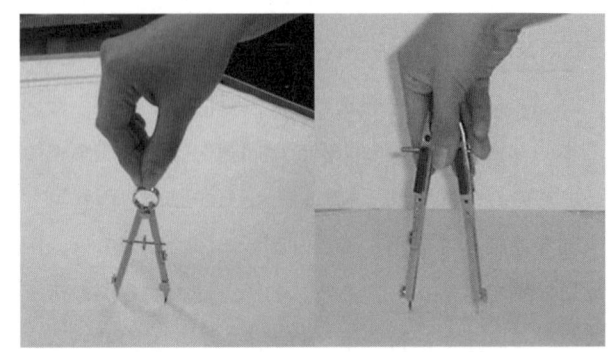

（a）小さいコンパス　　　（b）大きいコンパス

図2.2 コンパスの持ち方

図2.2に，コンパスの持ち方を示す。(a)は小さいコンパスの持ち方で，**先端を軽く，かつ確実に持って指先**で回転を与える。(b)は大きいコンパスの持ち方で，**脚まで含めて上半分をしっかり持って手全体**で回転を与える。コンパスの頭部を**回転進行方向に若干傾ける**と回転させやすい。コンパスによっては脚に関節が付いており，針と鉛筆が半径によらず紙面に直角に当たるようにできる。

フリーハンド描画は通常，下書きなしで行うが，場合によっては通過すべき点をあらかじめ配置することもある。慣れないうちは線がぶれるだろうが，短い線を何度も重ねて描くよりは，練習を兼ねて落ち着いて**1本の線**で描けるようにする方がよい。**図2.3**に，幾つかのフリーハンド描画例を示す。

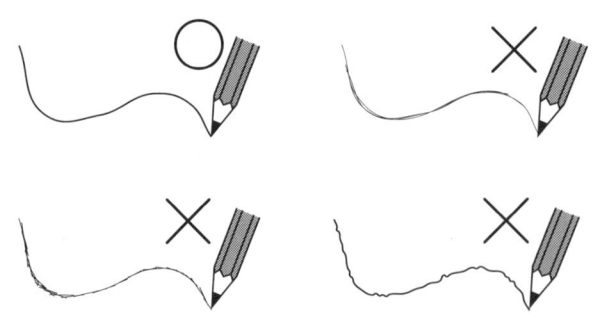

図2.3 フリーハンドの描画例

[体　験]

機械部品の加工には**旋盤加工**が，また機械部品の運動として**回転運動**がしばしば利用されるので円形（球形）構造物が部材として採用されることが多い。それゆえ製図において，円

弧の描画機会は非常に多い。

　以下に，円弧形状主体の図面を幾つか示す。**図 2.4** は圧力円筒容器のふた（フランジ），**図 2.5** はギヤ，**図 2.6** は L 形金具の例である。実際の形状は，より複雑な場合が多い。

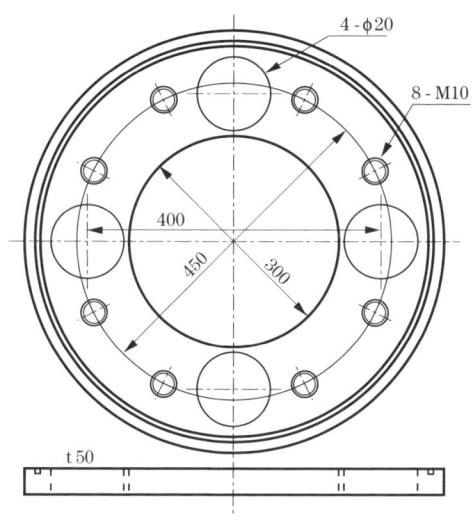

図 2.4　圧力円筒容器のふたの図

図 2.5　ギヤの模式図

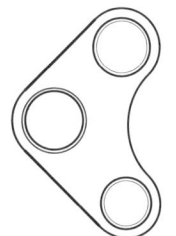

図 2.6　L 形金具の
　　　　簡易描画図

[　秘　　話　]

　コンパスは便利である。なぜかというと，これは単に円弧を描画する道具にあらず，**ディバイダ**のようにある長さをメモしておくこともできるからである。ディバイダは，図 2.7 に示すような両先端が針の道具である。その製図において頻繁にある長さが登場する場合には，それをコンパスまたはディバイダで作っておけば，一々定規で長さを計る必要はない。

　この利点は，次の案外有用な作図において発揮される。すなわち**線分の二等分，角の等分**

14   I. 描画の基本技術

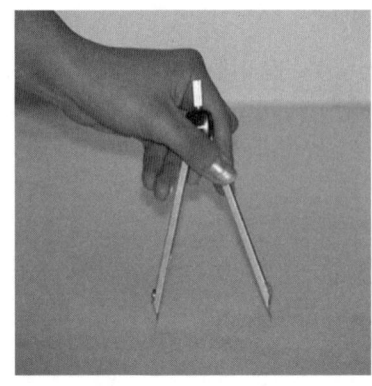

図2.7 ディバイダ

および**正多角形の描画**である。以下にその製図方法を示そう。なお線分の等分方法については，4節に詳しく記述してある。

（1） 図2.8に線分の二等分方法を示す。まず線分の両端点から，同じ径の円弧を描画する（図中1，2）。次に両円弧の交点（図中3，4）を結ぶと（図中5），それは線分を二等分する垂直交差線となる。

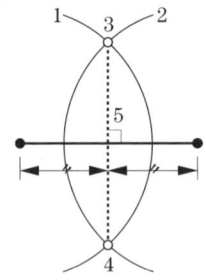

図2.8 線分の二等分方法

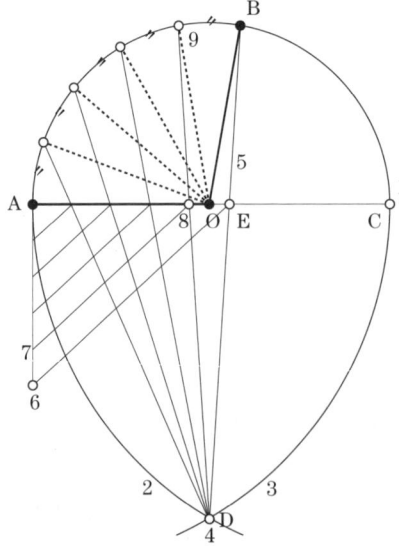

図2.9 角の等分方法

（2） 図 2.9 に角の等分方法を示す。ある角 ∠AOB の頂点 O を中心とする OA が半径の半円 ABC を作り（図中 1），AOC を底辺とする正三角形の頂点 D を定め（図中 2，3，4），DB と AOC の交点 E を求め（図中 5），AE を希望の数で等分割した各点（図中 6，7，8：4 節を参照）を D と結んで延長した直線が半円 ABC と交わった各点が（図中 9），角 ∠AOB を等分割している。

（3） 図 2.10 に正五角形の外接円からの作図法を示す。一辺が与えられている場合には，やり方を知らない者にとっても，正多角形は分度器と直線定規を用いて左右対称性から簡単に（正確にするのは労力を要するが）作図できる。しかし外接円から正多角形を作図するには，それなりの知識が要る。例えば正五角形の場合には，円の中心 O を通る水平線と垂直線を引き，上と左右の端点 A，B，C を求める（図中 1，2）。一方の水平半径 OB の中点 D をまず作図し（図中 3），DC を半径とする円と元の半径 OA との交点 E を定める（図中 4）。この時 CE は作るべき正五角形の一辺の長さに等しいので（図中 5），その長さで円周を刻む。

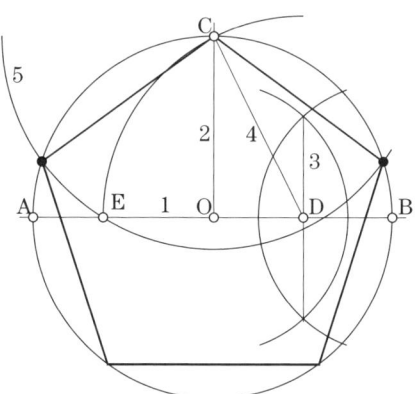

図 2.10　正五角形の外接円からの作図法

16   I. 描画の基本技術

演 習

【2.1】 例にならって，円および円弧を描画しなさい．3種類の太さと4種類の例を示したが，最低限太線と細線，および実線と破線と一点鎖線だけ描画すれば結構．また，自由曲線をフリーハンドでなぞり，点どうしを滑らかに補間しなさい．

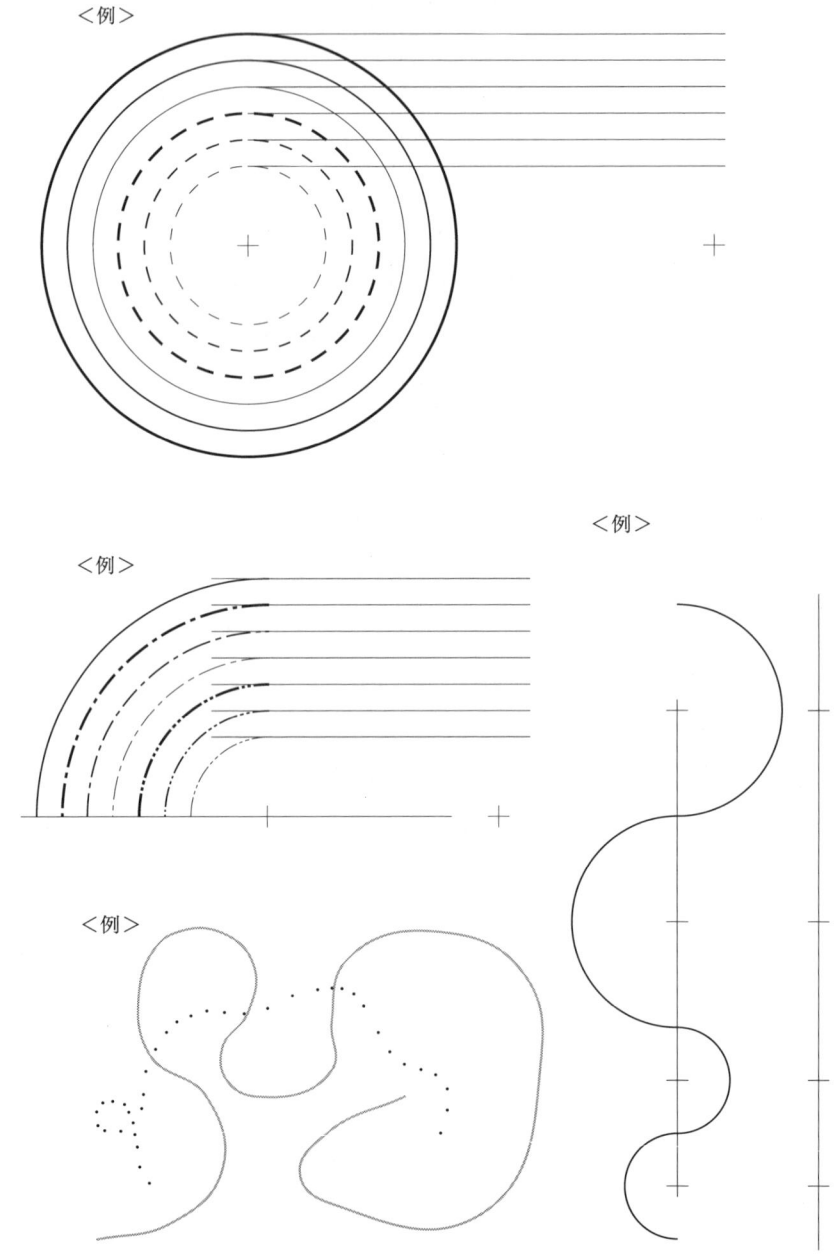

3. 直線と円弧の連結描画技術

> ポイント

　図面では，直線および曲線が複雑に配置されている。互いが交差することもあるし，互いの端点どうしが一致することもある。これらの**位置関係を正確に**描画することは，内容を正確に伝達するために重要である。

　本節では，直線と円弧を組み合わせた描画を練習する。互いの位置関係は次のいずれかになる。

（1）　端点が一致している。
（2）　一方の端点が他方の線上と一致している。
（3）　交差している。

前二者の場合には特に，はみ出ないように留意すべきである。

> 基　本

　端点が一致している位置関係は，案外見栄えに直結するので，慎重に描画すべきだ。特に重要な組合せは，**図3.1**に示すように直線の端から円弧線を連続勾配で連結するものであり，機械部品の角を丸く削り落とした形状（フィレット）は頻繁にお目にかかる。また，**図3.2**のように角がしっかり付いている形状や，**図3.3**のように角を45°に平らに削り落とした形状を描画する際には，直線どうしを折れ線に配置することになる。以上の3パターンは，ぜひとも上手に描画できるように練習されたい。

図3.1　直線と円弧線が連続勾配で連結描画された例　　図3.2　直線どうしが直角に連結描画された例　　図3.3　角落としした角の描画例　　図3.4　直線どうしがT字連結した例（矢印は典型例）

　一方の端点が他方の線上と一致している場合には，端点が**はみ出ない**ように注意することがポイントだ。直線どうしがこのパターン，すなわち**図3.4**に示すようなT字連結することが，特に寸法線で多く見られる。最初にTの横線（はみ出される可能性のある側の線）を描画すると，正確に描画できる。

　交差している線はむしろ描画が簡単だ。ただし，描画位置を間違えないように。もし消し

18   I. 描画の基本技術

ゴムをかけて一方の線を消すことになると，交差している箇所で他方の線の途中だけが消えてしまい，これは修正が結構難しくなる。

　図3.5は十字交差した二直線の例であるが，実線でない直線を交差させる場合には必ず**交差点に線を描画する**。交差点に線の隙間部分を持ってきてしまうと，どこが交差点かわからなくなるからである。

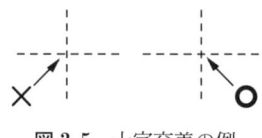

図3.5　十字交差の例

　図3.6に示すような長方形と正三角形は工学製図によく出現するので，練習しておこう。正三角形は表面の滑らかさを表現するマークであり，長方形は部材の基本形状である。

（a）表面仕上げ程度のマーク　　　（b）直線連結図形

図3.6　工学製図によく出現する図形

　体　験

　直線と円弧だけでどれだけの図面が製図可能かを考えてみよう。図3.7から図3.13は，文字は別として，直線と円弧以外は使用していない図面である。

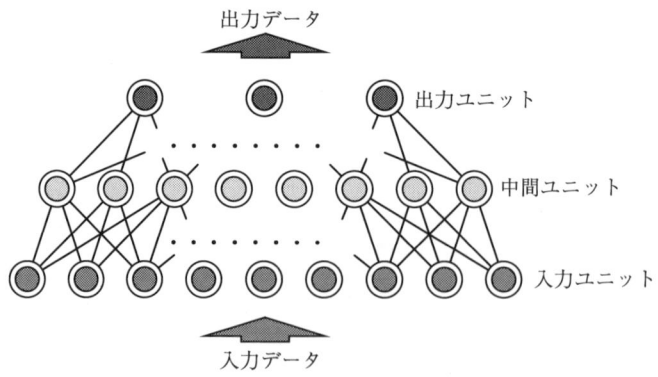

図3.7　直線と円弧のみで作図されたニューラルネットワーク構成図

3. 直線と円弧の連結描画技術　19

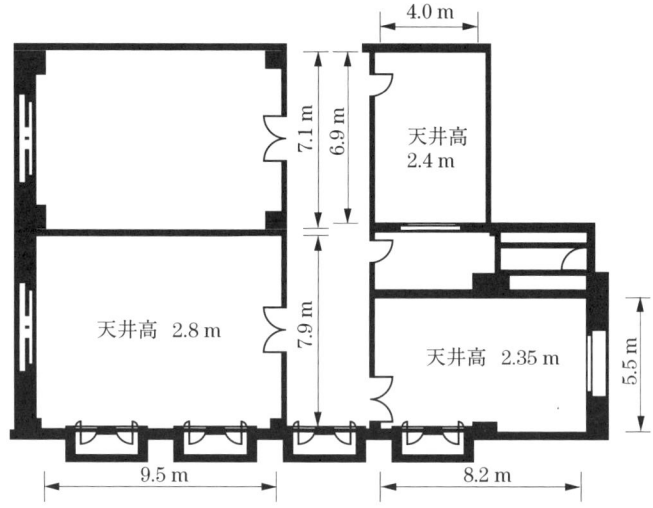

図 3.8　直線と円弧のみで作図された間取り図

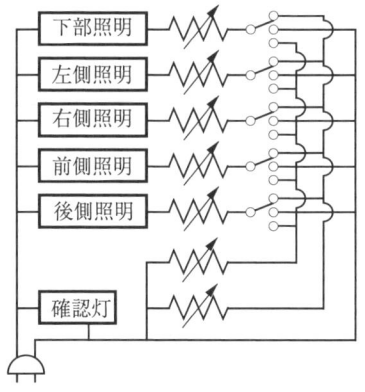

図 3.9　直線と円弧のみで作図された
電気回路配線図

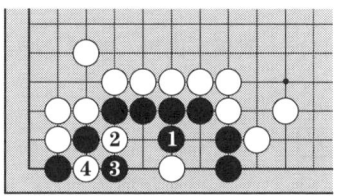

図 3.10　直線と円弧のみで作図された囲碁の棋譜図

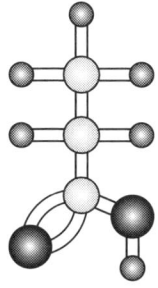

図 3.11　直線と円弧のみで作図された原子結合概念図

20　　I. 描画の基本技術

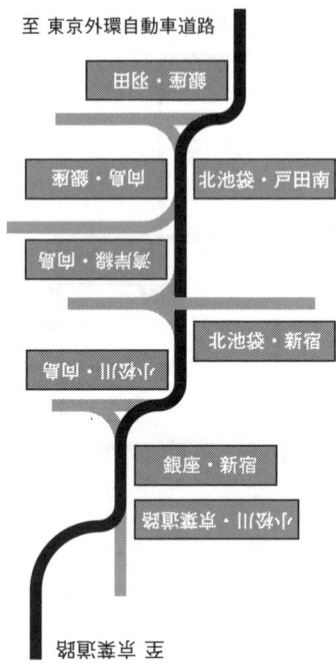

図3.12　直線と円弧のみで作図された経路図

　円弧に近い曲線でも場合によっては円弧で近似できるので，直線と円弧さえ描画できるようになっておけばかなりの図面は製図可能であり，更に楕円定規や雲形定規を持っていればほとんどすべての図面を製図することが可能となる。またコンピュータ上でCADを用いて製図する際には，**直線，円弧，楕円**（ellipse）の組合せで図面となすことが基本となる。

　秘　話

　補助線の話をしよう。複数の線を互いに適切に配置する場合，特に演習で描画したような例においては，補助線があると随分描画精度が上がる。残念ながら本書で実習する黒色鉛筆画においては補助線の登場機会はあまりないが，特に墨入れ（インクで清書すること）をする図面においては補助線は見栄えを支えている重要な線なのである。

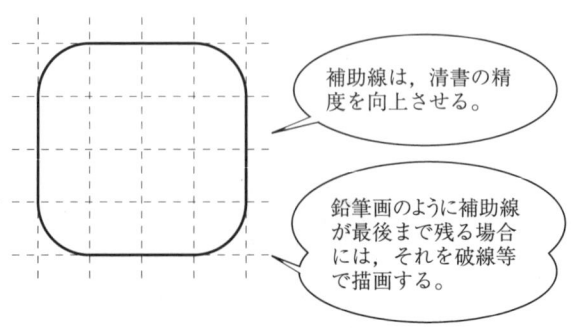

鉛筆画においては補助線はすべて最後まで図面内に残すので，**あまり目立たないように細破線等で描画する**。補助線を最初にまとめて描画してしまうと効率的な場合も多い。また，墨入清書図においては補助線の多くは墨入れせず，最後には消す。

図 3.14 は，補助線としての鉛筆の下書きの上にインク清書した漫画の例である。下書きでは，透視投影法の軸線や人間の大まかな線，あるいは黒く塗りつぶす「べた」，点を等間隔で繰返し配置する「・トーン」，中心点とそこに向かって集中する効果線を描く「フラッシュ」等の指示を入れる。その線をもとにして墨入れをする。鉛筆の下書きは，インクが乾いてから消しゴムで消される。また印刷方法によっては，印刷原稿の青系や薄い色が無視される。この場合には下書きを例えば青鉛筆で入れ，墨入れ後も消さずに印刷に回すとインク線のみが印刷される。

図 3.14　補助線を鉛筆で書いた上に墨入れした漫画の例

22   I. 描画の基本技術

演　習

【3.1】 例にならって，直線と円弧曲線の集合体としての形状を描画しなさい。線はすべて太実線とする。

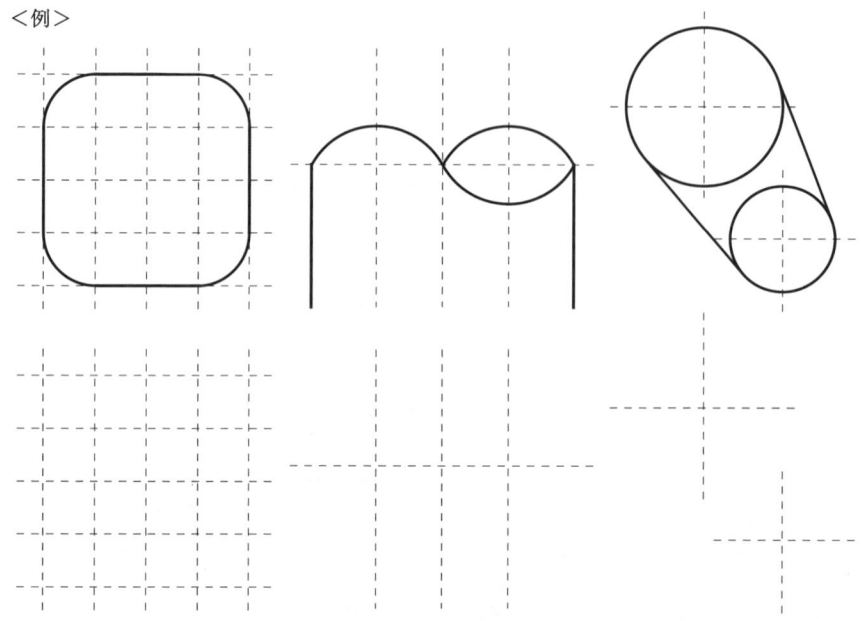

【3.2】 足りない線を補って，左の例の模写を右に完成させなさい。線の太さや種類は適当なものを選択し，連結を丁寧に仕上げること。位置にはこだわらなくてよい。

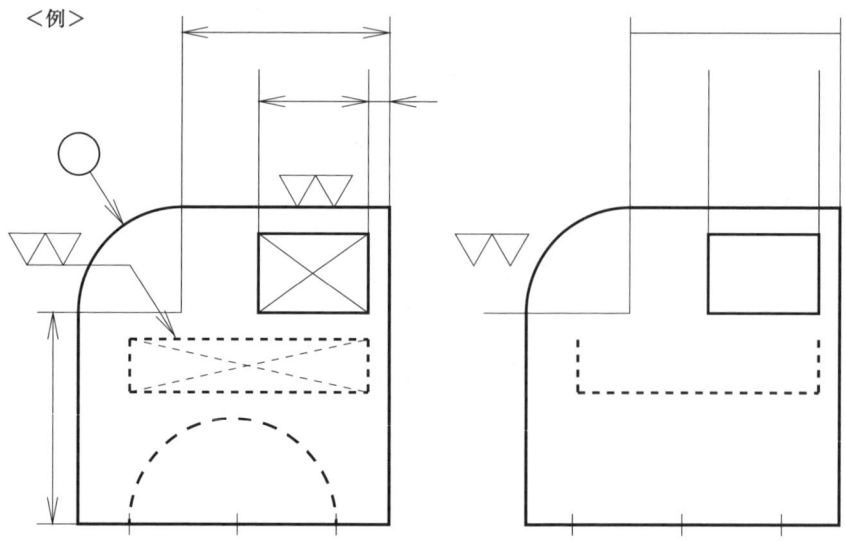

4. 平行線の描画技術

> **ポイント**

　白黒の図面に付き物なのが，**平行斜線**による陰影（shade and shadow）である。平行線はそもそも，線分を等分割したり図面の寸法線等を規則正しく配置したりと重宝するが，何より色も中間明度の灰色も用いられない白黒の図面に**濃淡の変化を与える**重要な役目を持つ。

　本節では，**線分の等分割**と**陰影の描画（ハッチング）**を練習する。いずれも細実線を用いる。後者は外形線からはみ出ないように留意する。

> **基　本**

　10 cm の線分を六等分するのは，定規だけでは難しい。こんな時は，その線分の片方の端点を共有する 6 で割り切れる別の線分を描き，平行線を利用するとよい。**図4.1**のように，**三角形の相似則**を適用したわけだ。

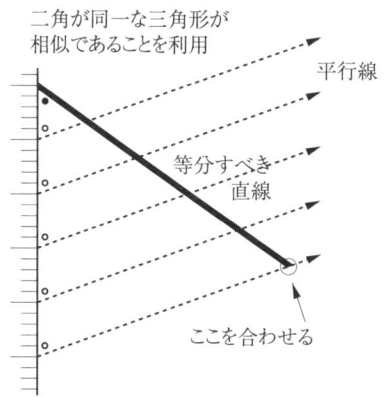
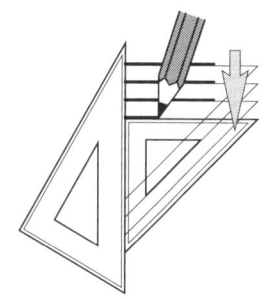

　図4.1　平行線による線分の等分法　　　図4.2　平行線の描画方法

　平行線は，**2つの三角定規**で描画する。通常は図4.2に示すように，直角二等辺三角形の定規を，直角三角形の定規の斜辺に沿ってスライドさせて描画する。場合によっては目盛付き定規に沿ってスライドさせて，正確な間隔で描画することもできる。

　陰影は，この平行線が細かい間隔の細線で描画されてなる。間隔はある程度細かいのが好ましく，一々計らず**目分量で間隔を一定**にできるよう練習するとよい。間隔の変化が小さいほど陰影の見栄えはよい。ただしまれに，間隔をあえて変化させ特殊な効果をねらうこともある。工学製図では，単調な陰影だけできれば十分である。

24   I. 描画の基本技術

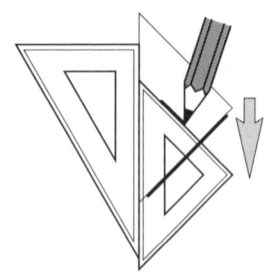

図 4.3 直角交線の描画方法

参考までに**図 4.3** に示すように，定規の向きを変えると直角交線が正確に描画できる。ただしこの方法では，定規の下辺で描画することになるので，若干難しい。

| 体　　験 |

設計図よりも鳥瞰図や見取図等に，陰影はよく描画される。地面にハッチングすることもある。また，木や芝生等の暖かい濃淡を付ける際には，直線でなくフリーハンドの平行線によって陰影を付けることが多い。

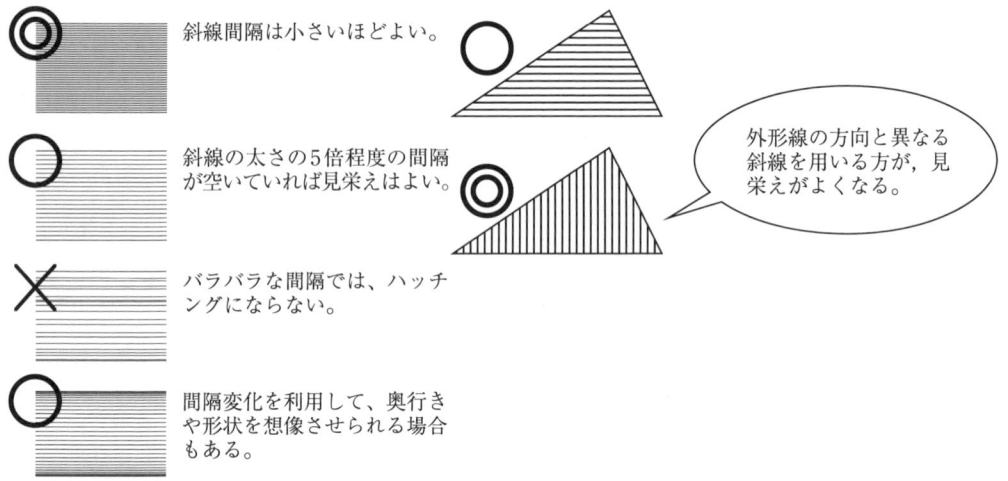

様々な陰影の描画方法があるので，以下に紹介する。**図 4.4** は構造部品の断面図において**質量が存在**する範囲にハッチングをした例，**図 4.5** は中実（中身の詰まった）棒が座屈（柱状物体に軸にまっすぐな荷重をかけたとき，まっすぐに縮まずに大きくたわみ変形する現象。）する体系を示す図において**地面（下端拘束線）**をハッチングした例，**図 4.6** は庭園の鳥瞰図において植生領域に様々な陰影を設けた例である。簡単にまねられるものもあるので，ぜひ一通り試されたい。

4. 平行線の描画技術　25

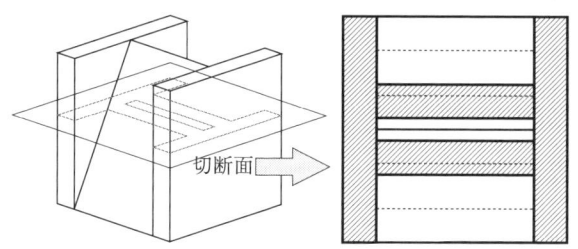

図 4.4　構造部品の断面図におけるハッチング例

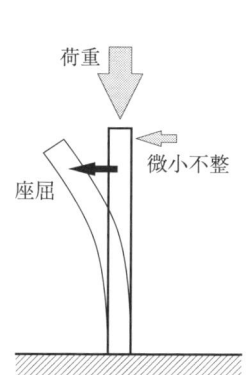

図 4.5　力学体系図における地面（下端拘束線）のハッチング例

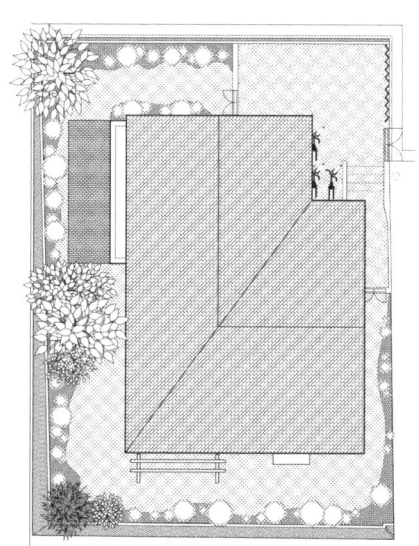

図 4.6　庭園の鳥瞰図における植生領域陰影例

[秘　話]

　陰影は，白黒画面に濃淡の変化を与えて，あたかも色や状態が変化するように見せる技法の一つといえる。白黒画面における視覚的要素は，色彩画面のそれより少なく，主なものは**濃淡だけ**と言っても過言ではない。

　濃淡は，白黒テレビ（という昔の家電製品など諸君は見たことないと思うが）や白黒写真を見ればわかるとおり，色彩を想像させてくれる。濃淡はまた場合によっては，物質の密度までも想像させる。絵画の勉強でも，黒色水彩絵の具だけで濃淡を付ける練習が基本とされている。

　ところで，水彩絵の具であれば水で薄める程度を変化させることで簡単に濃淡変化を得られるが，例えば鉛筆しか使わない工学製図ではそれができない（もちろん鉛筆の線も濃淡を付けられるが，工学製図は最終的にはインク等で清書されるので，ここでは鉛筆濃淡技法は

26   I. 描画の基本技術

使用しない)。そこで登場する技法が，平行斜線描画である。本節ではたまたまこれを陰影のために用いたが，この技法は何も陰影だけに用いられるのではない。明らかに色が異なる箇所の色分けの代替手段として，あるいは同一物でも前後関係や濃度の差を明確化する手段として，その適用範囲は広い。

では，濃淡を与える技法は平行斜線描画だけかというと，実はそうではない。一般にはある描画単位が規則的に繰り返されてできる領域を**模様（トーン）**と称し，これがそのまま濃淡を与える技法となる。よく用いられる模様は点を等間隔で繰返し配置したもの（点トーン）であるが，画面に変化を与えたい場合には様々な面白い**模様**も用いられる。複雑な模様は手では描画しきれないので，スクリーントーンというシールを用いるのが普通である。

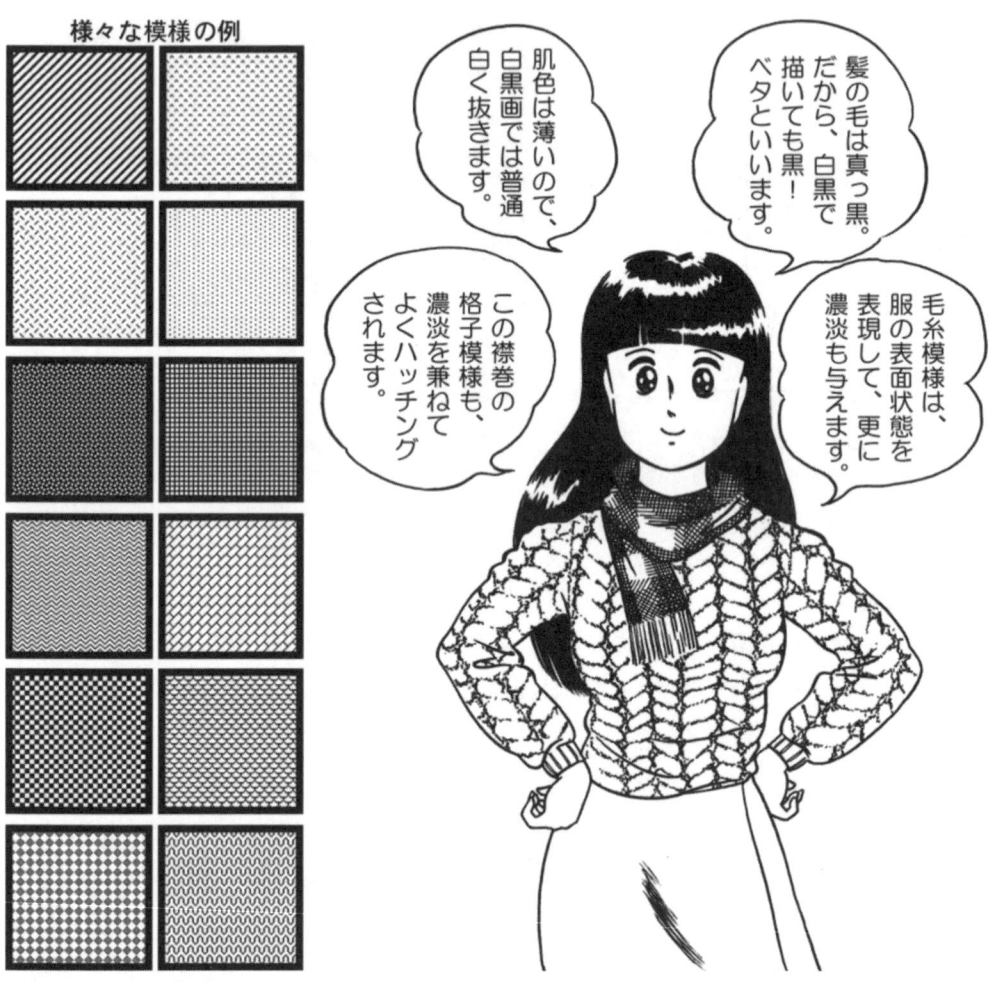

4. 平行線の描画技術　27

演　習

【4.1】 指示に従って線分を等分割しなさい。補助線の太さと調子は各自の判断に任せる。

3等分

7等分

【4.2】 例に従って，陰影を描画しなさい。三角定規 2 つを用いること。

＜例＞

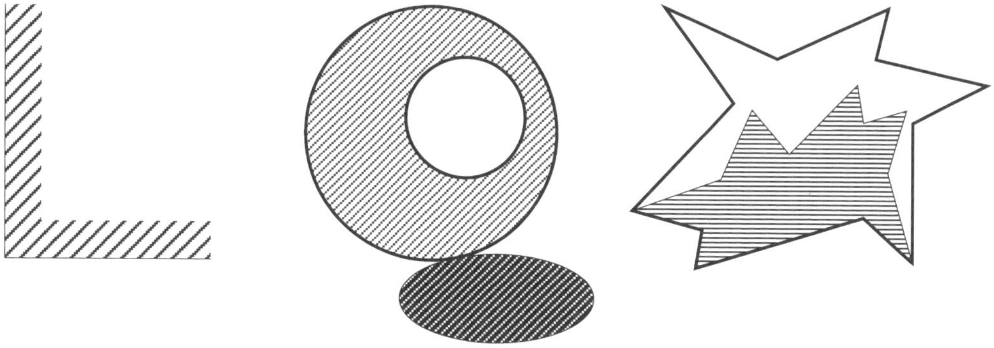

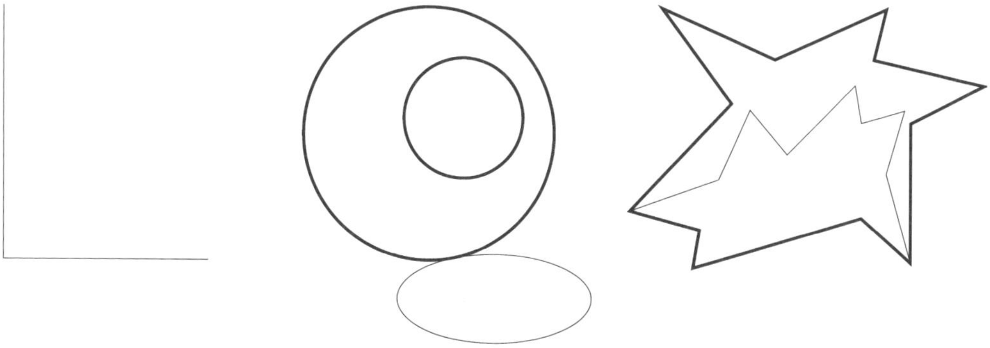

28   I. 描画の基本技術

課 題 I

寸法指示図と完成イメージを参考にして，線描画をしなさい。

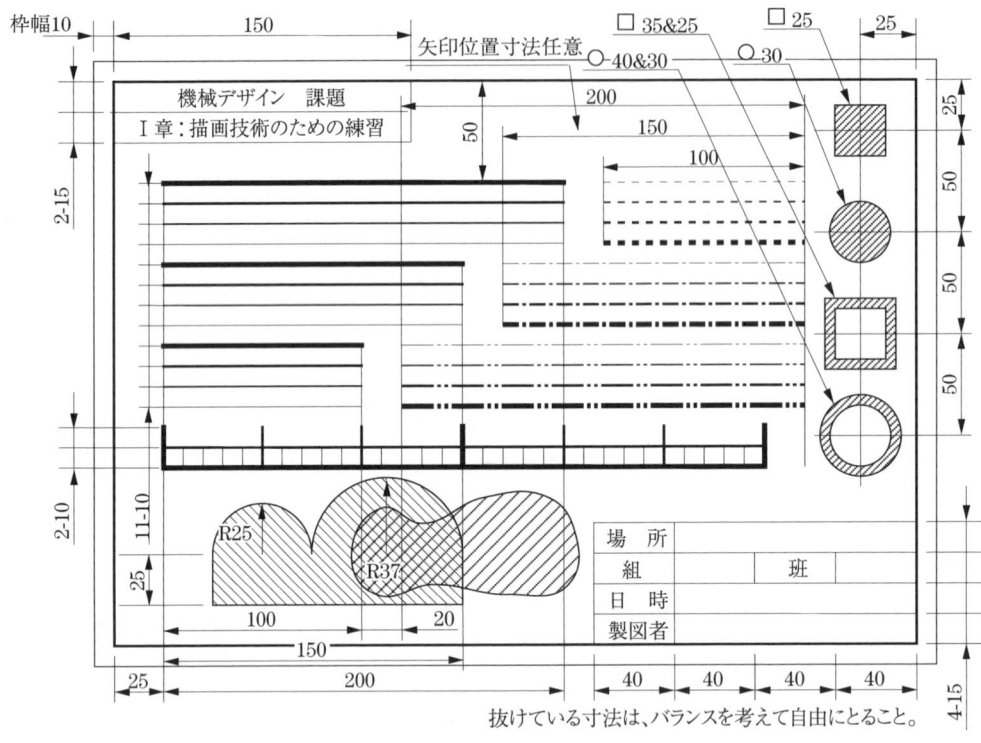

<完成イメージ>   A3（297×420）

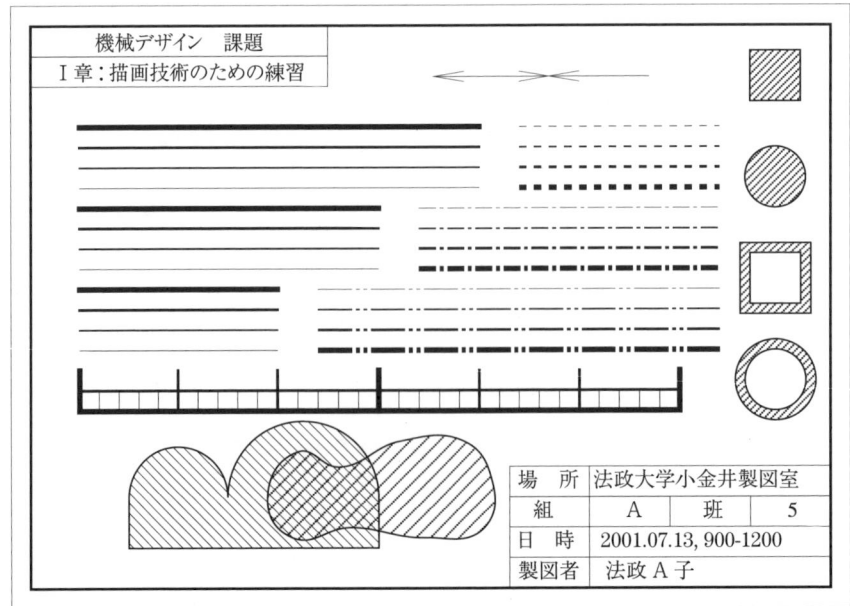

II. 製図の基本

5. 特徴の抽出

> ポイント

　模写の目的は，時として言葉で説明したのでは時間がかかることを**一目**で相手に理解させることである。したがって細部まで忠実に描画するよりは，全体の**特徴**や**説明したい点**が明確であることが好ましい場合が多い。

　本節では模写について，いろいろ体感してもらいながら解説する。模写のポイントは以下の3点である。

（1）　**どの方向**から見た輪郭が最も特徴的かを判断する。
（2）　一般的な**視点**や説明の**主対象**が，どの位置かを判断する。
（3）　主対象が複数の場合には，それらの**相対的位置関係**をとらえる。

> 基　本

　模写とは通常，既に描かれた図面等を見てその複製を描画する行為をさす。しかし本節では，模写を広義に「物を見てそれを描画する行為」すべてと定義する。一般的に模写は，輪郭→主対象→その他の順，すなわち**全体的な形から細部へ**と描画を進めるとよい。

　輪郭は軽視されがちだが，最もその物体を特徴付ける要素である。**図5.1**のように画面は輪郭により二つに分断され，輪郭の内側（すなわち物体）を**ポジ**，外側（すなわち背景）を**ネガ**と称する。輪郭には時として，物体の表面状態が多分に反映される。輪郭は特殊効果をねらわない限り，**太実線**で描画するのがよい。

図5.1　雪だるまによるネガとポジの例

30 II. 製図の基本

　主対象とは，物体のそこに視線が自然にいく，あるいは現在話題にしている部分である。輪郭および主対象が的確に描画できていれば，模写は本質的には成功である。主対象は明確に描画すべきで，その輪郭線は通常太実線で，細部については主要な線ほど太目の（ただし，輪郭線よりは細い）線で描画する。主対象が複数の場合には，それらの位置関係を輪郭も含めて正確に把握する必要がある。

　図 5.2 に，試験装置の模写例を示す。（a）の例はあまりに簡潔すぎ，模写図というよりは模式図である。（b）の例は若干詳細を描き加えてみたもので，見栄えもするし内容も明確に理解できる。（c）まで描き込むと凝りすぎで，注目する試験片近傍以外の余分なところまで描いてしまったことになる。

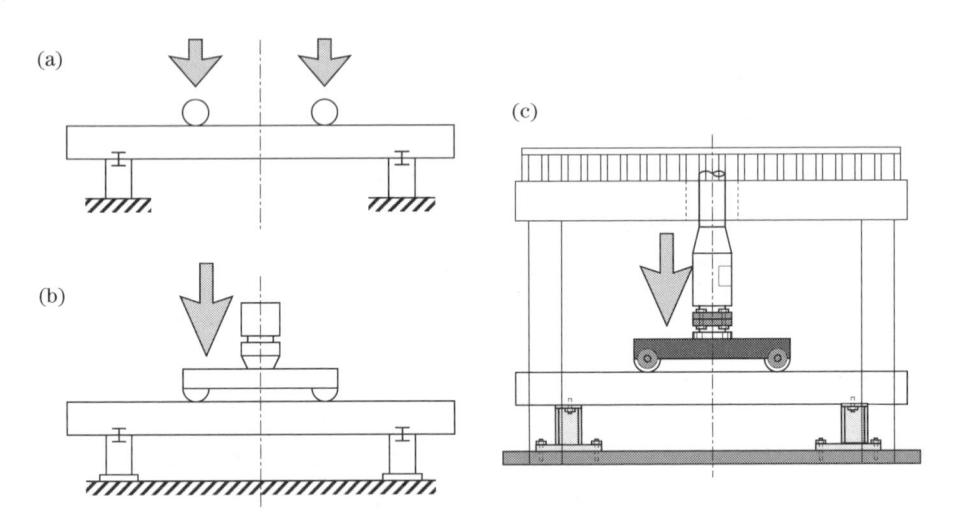

図 5.2　試験装置の模写図

[発　展]

　1 方向からの模写（一面図）で対象物をよく説明できる場合もあるし，それでは特徴を説明しきれないので，2 方向または 3 方向から見る（二面図または三面図）場合もある。状況しだいで**模写方向**や**面数（製図形式）**を決定する。

　工学製図で用いる一面図には，**自然な図面**となる透視投影法や，**作図が簡単**な直軸測投影法等がある。等高線，等温線，等応力コンタ図等の，実際には線がないが，ある指標に関して**その程度を模式的に示した**標高投影図も便利な場合が多い。斜軸測投影法は特殊な場合を除き，工学図面としてはあまり用いられない。

　多面図は，互いに直角な 2 方向または 3 方向からの**正投影図**（投影面と描画対象面とが平行な直軸測投影図：次節参照）を組み合わせた図面であり，工学製図では極めて多用される。一方，グラフや配線図等の模式図は，物体なきものをわかりやすく視覚化するので，複

雑な多面図になることは滅多にない。悲しいかな，我々三次元人は，1つ次元の低い二次元図面しか一望できない。だから，三次元物体や多次元のデータを表現するのに，こうやって四苦八苦しているのである。

[体　験]

演習で同じ物を描いてもらうが，ここでは何も見ないで描こう。富士山の全景と，普通の四ドア自動車を，記憶を頼りに描いてみたまえ。ざっとでよい。描き終えるまでは，次の文章を読んではいけない。

さて，富士は日本一の山。日本最高峰 3775.6 m は誰の目にも雄々しい姿に映るし，その美しい輪郭線は日本人の誇りだ。だから誰でもその輪郭を実物より，より高く，より険しく描きたがる傾向にある。実際の輪郭最大傾斜角は，**図 5.3** に示すように大体 30〜40° 程度（見る方向による）なのだ。面食らったろう。しかし誰しもが抱く印象ゆえに，**むしろ険しい富士山の方がそれらしくも見える**。図 5.4 に示す富岳三十六景を見ても，富士山は非常に険し

図 5.3　江ノ島方面から見た富士山

図 5.4　実際より鋭い傾斜で描かれた富士山
〔葛飾北斎「富岳三十六景/神奈川沖浪裏」〕

い輪郭線で描かれている。必ずしも実物どおりでなくとも，**共通の印象**が描画に重要であるというよい例である。

　自動車の形状も，実は案外正確に覚えていないものである。特に，前輪の位置が案外前にあることと，窓の上下幅が案外短いこと（**図5.5**）を知っていたかな？　車輪が4箇所にあり，窓が前後と側部4箇所にあり，凸字形をしていれば，どことなく変でも一応それは自動車に見える。これらの詳細な位置関係と個別形状，それが画像でしか伝達できない情報なのである。

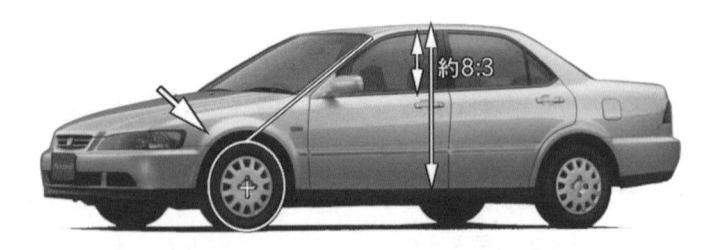

図5.5　典型的な普通乗用車

　以上は，**人間の記憶力が案外当てにならない**ことを端的に示唆した実験でもある。しかしもう一歩踏み込むと，正しい画像でなくても**心理的に正しい画像**があるということも意味しており，画像が言葉等の理論的な伝達手段とは異なり，人間臭い簡便な伝達にもなりうることは面白い。しかし**工学図面は正しくなくてはならない**。せっかく見たものは，できるだけじっくり観察して特徴を抽出するとよいであろう。**図5.6**に，いろいろな物体のポンチ絵の例を挙げる。特徴を比較してみてもらいたい。

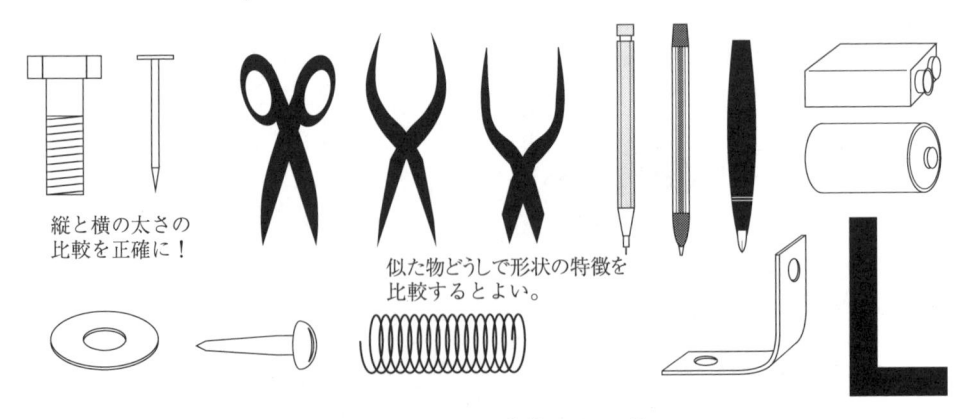

図5.6　いろいろな物体のポンチ絵

5. 特徴の抽出　　33

秘　話

　人の顔を最も単純明快に模写したら，それはきっと**図5.7**の如き絵になろう。諸君が人の顔を見る時は，**目と口**を中心に見ているはずだ。なぜならば目と口は心情や情報を直接表現する器官であり，子供の時から注目し続けているものであるからだ。目と口さえ上手に描けば，表情を持った顔が立派に成立する。

図5.7　最も簡略化された顔

　似顔絵を描く時，似顔絵屋さんは，**輪郭，目および口**には特に神経を払う。その形状および位置関係において，特徴をとらえ正確に描く。特徴をとらえるということは，得てして特徴を誇張することとなる。これは描かれる本人にとっては，苦笑いするしかない嫌なことである。しかし工学物体は怒らないので，存分に特徴を誇張する練習をするとよい。

　　　私は大柄で，面長で鼻筋が通って目と口はむしろ小さいです。

　　　私は丸い顔で，ちょび鼻におちょぼ口，目がやや細めです。

　　　私はどんぐり眼で，口は大きいかな？ホームベース形の顔で鼻は普通です。

演　習

【**5.1**】　今度はじっくりと模写しよう。富士山と普通四輪自動車を描きなさい。形状を正確に模写することを心がけてみよう。

6. 図法の分類

ポイント

投影法（projection drawing (method)：投象法，投影図法，投象図法ともいう）は**注目面**に対する**投影面**（plane of projection：投象面ともいう）および**投影線**（projection line：投象線，対応線ともいう）の組合せによって分類できる．工学製図で用いるのは**平面投影面**（以下，図中では Scr. と略記）と，**平行直線投影線または中心直線投影線**との組合せである．

本節では，図法の分類法を簡明に説明する．各図法の特徴の違いをしっかり理解して，以降の節に進んでもらいたい．

予備知識

実際の三次元物体を人が目で観察する画像は，次元が1低下して二次元的となる．これは，網膜が二次元的であるからである．作図も同様で，紙面が二次元的である以上，実際の三次元物体は二次元的な画像でしか表現できない．**1次元低下**してある面上に三次元物体が画像化されることを**投影**（projection：投象ともいう）と称し，画像化がなされる面を**投影面**と称する．我々の視覚においては，網膜が投影面である．

投影には，投影すべき物体と，投影されるべき投影面と，投影する（project：投象するともいう）ための規則が必要である．規則とは，物体を画像に変換して**1次元低下させるた**

6. 図法の分類　35

めの規則である。規則があまり複雑だと投影した物体の原形を推測することができなくなってしまうので，規則は簡明でなければならない．工学製図における規則は，規則的に連続配列された直線，すなわち**平行直線または中心直線**上を通って，物体上の任意の点を投影面まで移動させるのが普通である．投影に用いられる平行直線または中心直線を，投影線と称する．

基　本

投影は図 6.1 に示すように，ある物体を，ある投影線に従って，ある投影面に映すことである．したがって投影法は**注目面**（投影対象なる物体面）に対する**投影面**および**投影線**の組合せによって分類できる．注目面，投影面，投影線は図法の三要素である．

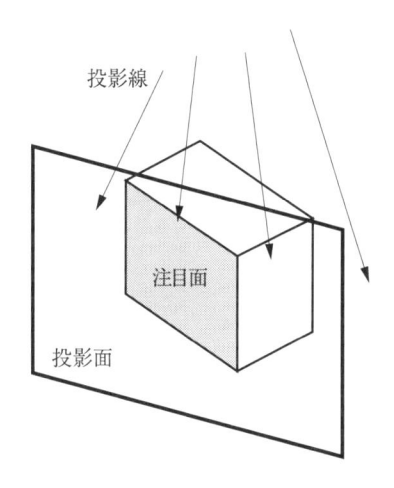

図 6.1　投影と図法の三要素

図面を作成するための投影法を，**図法**と称する．図法は，表 6.1 に示すように従来様々な観点から分類，命名されてきた．図法のいくつかは複数の名称を有する．諸君は，きちんと**図法の本質**から理解しておかないと，いずれ混乱するだろう．図法の本質とは，その図法における投影面および投影線がいかなるものであるかを認識することにある．表 6.2 にそれらを一覧する．これが本節で学ぶべきすべてであり，以降頻繁に採用される図法は，**正投影法**（orthographic projection），**直軸測投影法**（axonometric projection），**斜軸測投影法**（ob-

表 6.1　従来図法の分類上の位置付け

		正面投影	傾面投影	その他の投影面による投影
直角平行投影	（直投影法）	正投影法, 標高投影法, 正射図法	直軸測投影法	舟底図法
斜角平行投影	（平行投影法）	斜軸測投影法	なし	なし
直角中心投影	（中心投影法）	平射図法, 心射図法	多点透視投影法	円筒図法, 円錐図法
斜角中心投影		一点透視投影法		なし
その他の投影線に基づく図法		正距方位図法, 正積方位図法	なし	メルカトル図法

表6.2 図法の分類

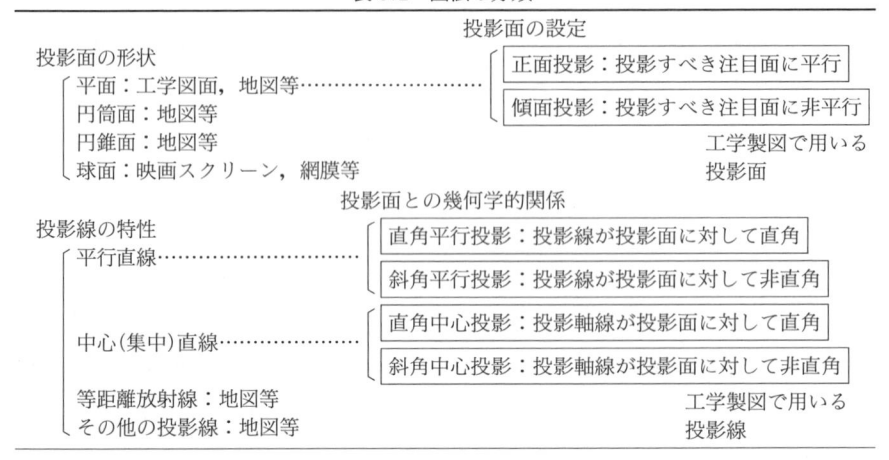

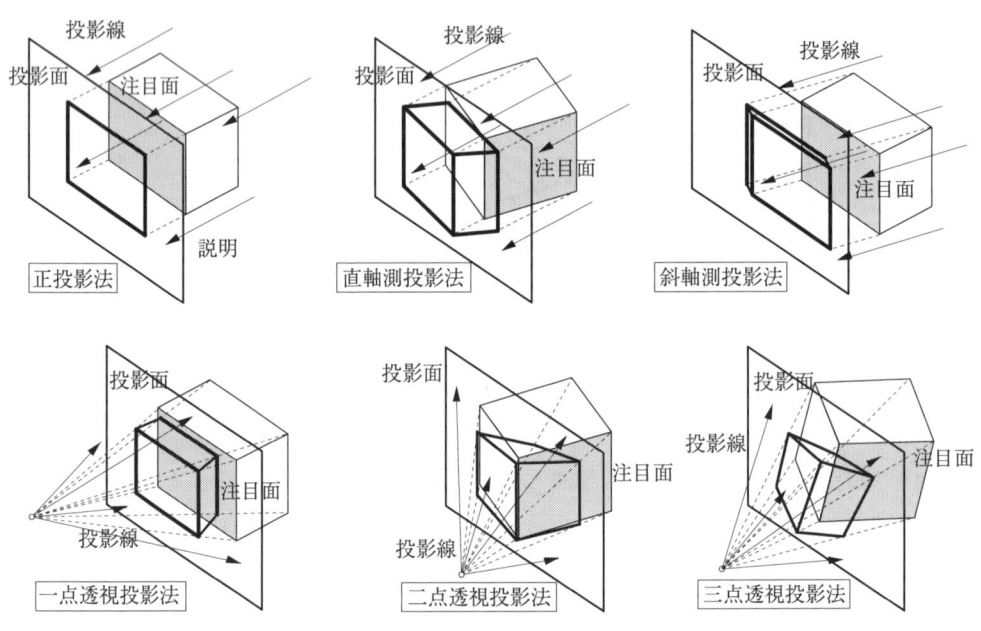

```
投影面の形状                                投影面の設定
 ├ 平面：工学図面，地図等 ………………    ┌ 正面投影：投影すべき注目面に平行
 ├ 円筒面：地図等                         └ 傾面投影：投影すべき注目面に非平行
 ├ 円錐面：地図等                                          工学製図で用いる
 └ 球面：映画スクリーン，網膜等                            投影面

投影線の特性                          投影面との幾何学的関係
 ├ 平行直線 ………………………      ┌ 直角平行投影：投影線が投影面に対して直角
 │                                  └ 斜角平行投影：投影線が投影面に対して非直角
 ├ 中心(集中)直線 ………………    ┌ 直角中心投影：投影軸線が投影面に対して直角
 │                                  └ 斜角中心投影：投影軸線が投影面に対して非直角
 ├ 等距離放射線：地図等                                   工学製図で用いる
 └ その他の投影線：地図等                                 投影線
```

図6.2 主要工学図法における三要素の関係

lique projection)，**透視投影法**（perspective projection）である．これらは，それぞれ図6.2の如き図法である．

なぜ図法が幾種類もあるかというと，投影が一次元を犠牲にして行われている以上，どんな図法をもってしても元の物体を完全に描画しきれないからである．**どう不完全なのか**は図法により異なり，図面用途によっては不完全になってはいけない要素がある．すなわち，用途に応じて図法は**選択され**なければならない．工学製図における図法はそう幾種類もない．図法は，むしろ地球上の地形をいかに適切に平面に置き換えるか悩ましい地理学において，多くが発案されてきた．

6. 図法の分類

発　展

　三次元物体を描画するのだから，描画の際には三次元的イメージを念頭に置いておかなければならない。逆に，図面を見たら元の三次元物体の形状が連想できなければならない。詳細は各図法を詳細に説明した次節以降に譲るが，各図法の**特徴**，すなわち各図法は実物をどう描写するかを，分類を通して明確に理解しておかなければならない。

　図法によらず共通していえることは，図面上に仮想的に存在する**立方格子を考える**とわかりやすいことである。つまり，立方体（cube）が各図法でどう描画されるかを把握することが重要である。この理由は，正方眼紙が二次元形状を描く上で非常に助けになることを諸君は経験していると思うが，それと同じことが三次元的形状の描画においてもいえるからである。我々は常に形状を，立方体や正方形と比較し，どう違う（欠けている，あるいは余分がある）かを通して形状を認識しているのである。図 6.3 に工学製図でよく用いる図法で，並んだ立方体がどう描画されるかを例示する。覚えておいて損はない。

　詳細はこれ以降の節に記述するが，工学製図でよく用いられる 4 つの図法の特徴を比較す

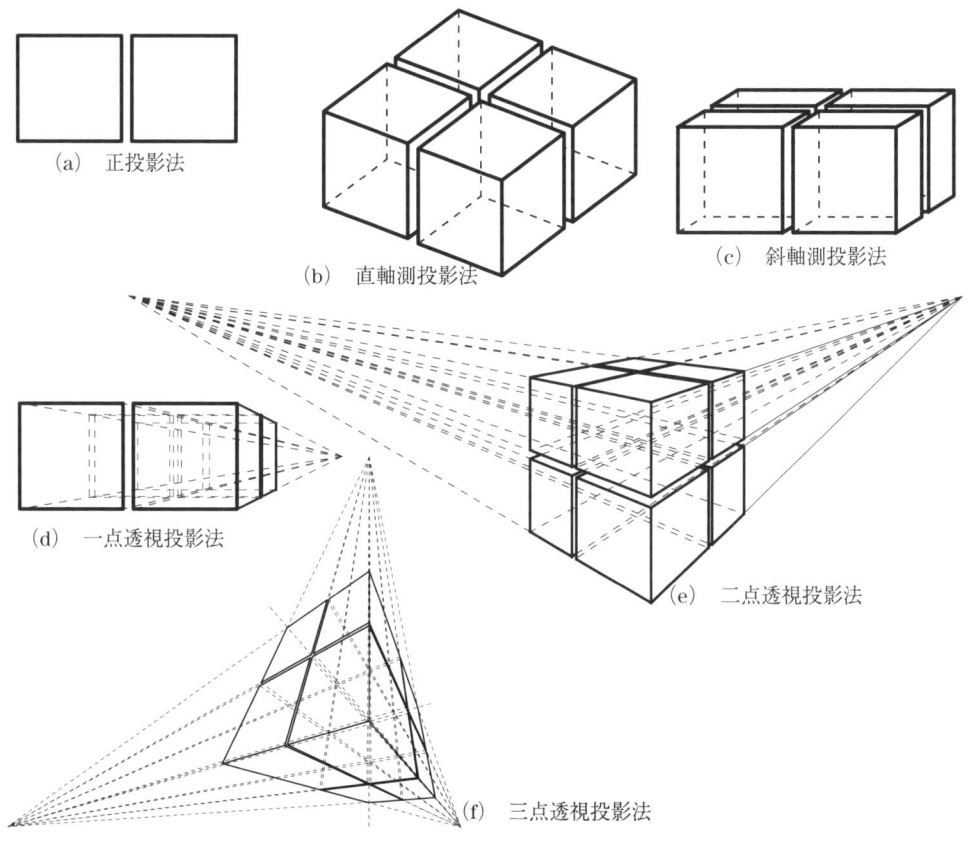

　　（a）　正投影法
　　（b）　直軸測投影法
　　（c）　斜軸測投影法
　　（d）　一点透視投影法
　　（e）　二点透視投影法
　　（f）　三点透視投影法

図 6.3　主要な工学図法で描画した並列する立方体の描画例

る。図(a)に示す正投影法は，ある注目する面を**そのままの形で抜き描き**する図法であり，他の面については全く表現できない。図(b)に示す直軸測投影法は，三次元物体を三次元的に物体のあるがままに描画する図法であり，全体感を得ながら**長さに関する解析が可能**である反面，各面の正しい形状と無限遠方に向かう奥行きは記述できない。図(c)に示す斜軸測投影法は，**ある面の形状を正しく描画しつつ奥行きをある程度表現する**，言わば正投影法と直軸測投影法の中間的な図法である。図(d)〜(f)に示す透視投影法は，消点（vanishing point）の数によらず**見た目の情景に似た**三次元的な広がりを表現する図法である。人間の網膜視覚は，全体的には透視投影法的であり，注目している網膜画像中心付近は直軸測投影法的である。したがって，見た目が自然なのは透視投影図と直軸測投影図であるが，どちらも網膜像とは完全には一致しない。

体　験

さて実際に描画してもらう前に，建築物の写真を見ながら，対応する図法を検討してみよう。どの図法で描写しても本質的には見た目とどこか違うので，どの写真も完全には**図法に対応していない**。特に斜軸測投影図は，恣意的にそのように見ようとしない限りあり得ない。また，透視投影図と直軸測投影図との境界は明らかではなく，望遠の度合いによりいずれかに近づく。

図6.4 は札幌テレビ塔を中心にした正面遠望写真で，**正面から遠望**すると正投影図に似

図 6.5　Genova 海岸

図 6.4　札幌テレビ塔

図 6.6　法隆寺

る。図 6.5 はイタリア Genova 海岸の斜め遠望写真で，**やや斜めから遠望**すると斜軸測投影図に似る。図 6.6 は法隆寺の鳥瞰写真で，**斜め上方より遠望**すると直軸測投影図に似る。図 6.7 はイタリア Mazzini 商店街の通路沿い近望写真で，ある軸に沿って長く整然と並ぶ物をその**軸方向に近望**すると一点透視投影図に似る。図 6.8 は松島古屋の斜め近望写真で，**斜めより水平近望**すると二点透視投影図に似る。図 6.9 はイタリア Giant 街の上方近望写真で，**斜めより上方近望**すると三点透視投影図に似る。

図 6.8　松島古屋

図 6.7　Mazzini 商店街

図 6.9　Giant 街

II. 製図の基本

演習

【6.1】 次の図法において，投影面と投影線はどう設定されているかを説明しよう。答えは表6.1に載っているが，さて，覚えているかな？

　　　　　　　　① 正投影法　　② 直軸測投影法　③ 斜軸測投影法　④ 透視投影法

投影面　[　　　　　]　[　　　　　　　]　[　　　　　　　]　[　　　　　　　]

投影線　[　　　　　]　[　　　　　　　]　[　　　　　　　]　[　　　　　　　]

【6.2】 次の文章は，いずれも下記の6種類の図法のどれか（一つとは限らない）を説明したものである。どの図法のことかを考えよう。

　　　　① 正投影法　　　　② 直軸測投影法　　　③ 斜軸測投影法

　　　　④ 一点透視投影法　⑤ 二点透視投影法　　⑥ 三点透視投影法

(ア)　奥行き（ある軸方向の寸法）を全く表現できない。　　　　　　　　[　　]

(イ)　見た目と最もよく類似する図面を作図する。　　　　　　　　　　　[　　]

(ウ)　ある面に対して完全に一致する形状を作図する。　　　　　　　　　[　　]

(エ)　幾何学的な解析が最もしやすい図面を作図する。　　　　　　　　　[　　]

(オ)　風景画や建築物等の，比較的広い範囲に存在する物体を描くのに適している。

　　　　　　　　　　　　　　　　　　　　　　　　　　　　　　　　　　[　　]

(カ)　小さい物体や，互いに関連のある部品どうしを並べて描くのに適している。[　　]

(キ)　奥行き方向を間違えると，とても不自然な図面になる。　　　　　　[　　]

7. 直軸測投影図

ポイント

　直軸測投影図は，平行投影線が投影面に**垂直**な図である．この結果，その物体の**あるがまま**を描画できる．注目面が投影面と平行な場合（**正投影図**）には，正しい形状が描画されるが奥行きが表現できない．奥行きを表現すると注目面は投影面と平行でなくなり，描画される形状は**正しくなくなる**．

　本節では，直軸測投影図の一つである**等角投影図**（各軸は120°間隔で全軸とも縮率 $\sqrt{2/3}$ ）を中心に，作図の練習を行う．また，三面正投影図と直軸測投影図との対応関係を理解する訓練を行う．

予備知識

　図 7.1 は，直方体を直軸測投影したことを示す模式図である．直軸測投影図では，注目面が投影面と平行の場合にはその**注目面のみが描画され，奥行きは全く表現できない**．これを避けるために一般には注目面を投影面と平行にしないので，写像が複雑になり作図は容易ではない．

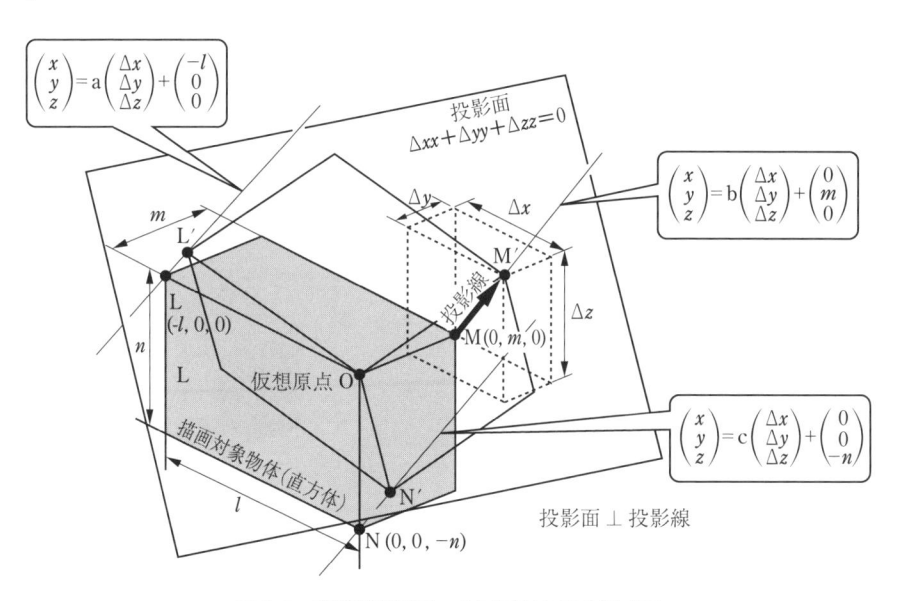

図 7.1 直軸測投影図の作図原理を示す模式図

42 II. 製図の基本

図7.1において，直方体の1点を仮想原点と称し，投影面上に乗せる。直方体のその他の手前の3頂点 L，M，N を投影面上に投影してできる点 L′，M′，N′ が得られれば，それをもとに直軸測投影図が描画できる。投影面と，それに垂直な各3頂点に関する投影線は，図に記述した式で表せる。これを解くと OL′，OM′，ON′，∠M′ON′，∠N′OL′，∠L′OM′ は次式のとおり計算できる。詳細は示さないが，勇気のある諸君は一度確認してみたまえ。

$$\overline{OL'} = \overline{OL} \times \sqrt{\frac{\Delta y^2 + \Delta z^2}{\Delta x^2 + \Delta y^2 + \Delta z^2}} \tag{7.1}$$

$$\overline{OM'} = \overline{OM} \times \sqrt{\frac{\Delta z^2 + \Delta x^2}{\Delta x^2 + \Delta y^2 + \Delta z^2}} \tag{7.2}$$

$$\overline{ON'} = \overline{ON} \times \sqrt{\frac{\Delta x^2 + \Delta y^2}{\Delta x^2 + \Delta y^2 + \Delta z^2}} \tag{7.3}$$

$$\angle M'ON' = \cos^{-1}\left[\frac{-\Delta y\ \Delta z}{\sqrt{(\Delta y^2 + \Delta x^2)(\Delta z^2 + \Delta x^2)}}\right] \tag{7.4}$$

$$\angle N'OL' = \cos^{-1}\left[\frac{-\Delta z\ \Delta x}{\sqrt{(\Delta x^2 + \Delta y^2)(\Delta z^2 + \Delta y^2)}}\right] \tag{7.5}$$

$$\angle L'OM' = \cos^{-1}\left[\frac{-\Delta x\ \Delta y}{\sqrt{(\Delta x^2 + \Delta z^2)(\Delta y^2 + \Delta z^2)}}\right] \tag{7.6}$$

一般には投影による各辺 OL，OM，ON の**縮率が異なり**，作図された直軸測投影図は解析用としては煩雑である。しかし，唯一 $\Delta x = \Delta y = \Delta z$，すなわち直方体のどの辺とも **45°** の向きの投影線を設定した場合に限り，式(7.1)から式(7.3)の縮率は式(7.7)のとおり $\sqrt{2/3}$ **と等しくなり**，式(7.4)から式(7.6)に表される角度は式(7.8)のとおり **120°** となる。この直軸測投影図を特に**等角投影図**と称する。

図7.2に，様々な直軸測投影図を一覧する。

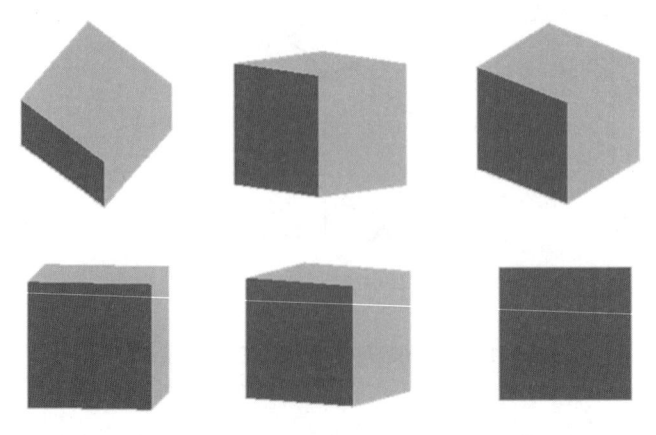

図7.2 立方体を異なる投影線により表現した直軸測投影図

7. 直 軸 測 投 影 図　43

$$\sqrt{\frac{\Delta y^2 + \Delta z^2}{\Delta x^2 + \Delta y^2 + \Delta z^2}} = \sqrt{\frac{\Delta z^2 + \Delta x^2}{\Delta x^2 + \Delta y^2 + \Delta z^2}} = \sqrt{\frac{\Delta x^2 + \Delta y^2}{\Delta x^2 + \Delta y^2 + \Delta z^2}} = \sqrt{\frac{2}{3}} \quad (7.7)$$

$$\angle \mathrm{M'ON'} = \angle \mathrm{N'OL'} = \angle \mathrm{L'OM'} = \cos^{-1}\left(-\frac{1}{2}\right) = 120° \tag{7.8}$$

基　本

等角投影図に限定して，三面正投影図と直軸測投影図との対応関係について確認しよう。確認できたら，直軸測投影図の描画と，直軸測投影図による図面解析ができるようになる。

図 7.3 に，基本変換パターンを示す。原点 O および x 軸を不動とすると，y 軸は x 軸と逆向きに 30° 離れた y' 軸に変換される。また各軸の縮率はいずれも $\sqrt{2/3}$ なので，正方形 OXHY は菱形 OX′H′Y′ に変換される。

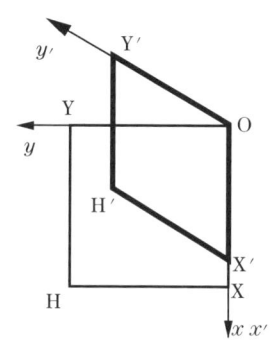

図 7.3 正投影図から等角投影図への直交二軸および正方形の変換

これを応用して立方体を描画すると，**図 7.4** のようになる。立方体の三面正投影図における立面図を直軸測投影図作図画面として，例えば下方向を不動軸（図 7.3 の x 軸に相当），

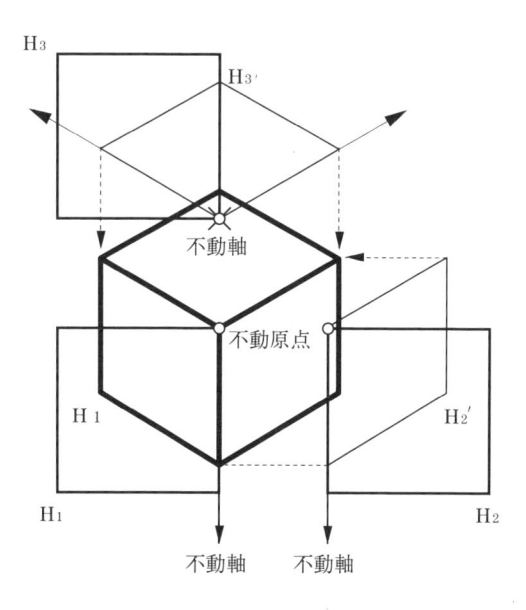

図 7.4 立方体に関する三面正投影図から等角投影図への変換

44   II. 製図の基本

右上手前頂点を不動原点（図7.3の原点に相当）と決める。図7.3の原理に従って各面図の不動原点の対頂点 H_1，H_2，H_3 の変換をし，平面図（plan）および側面図（side elevation）の作図を立面図（elevation）に平行移動すると出来上がりである。

ここでは立方体の描画を行ったが，直方体も基本的には同じである。ただし直方体の場合には各面は菱形ではなく，**平行四辺形**に変換される。図7.1を参照されたし。

　発　展

実際の形状はもっと複雑となる場合が多く，直軸測投影図の描画手順は斜軸測投影図と同様に下記の2つある。

（1）　**加算法**：その形状を直方体の組合せと考え，各直方体の直軸測投影図をそれぞれ作図して最後に合わせる。

（2）　**減算法**：その形状を覆う大きな直方体1つを考え，まずその直軸測投影図を作図し，余分な箇所を減じていく。

図7.5は正方形の一角を除去した形状を，減算法で変換した例である。元の図面の**長さの比率**は，直軸測投影図においても**保持**される。これをかんがみて**図7.6**のとおり，立方体の一部を除去した形状の直軸測投影図を減算法で描画できる。

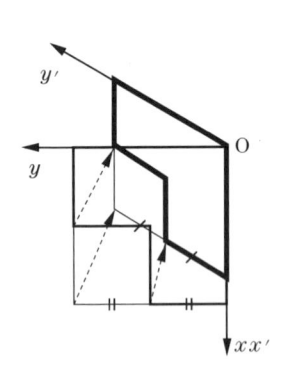

図7.5　正投影図から等角投影図への直交二軸および六辺形の変換

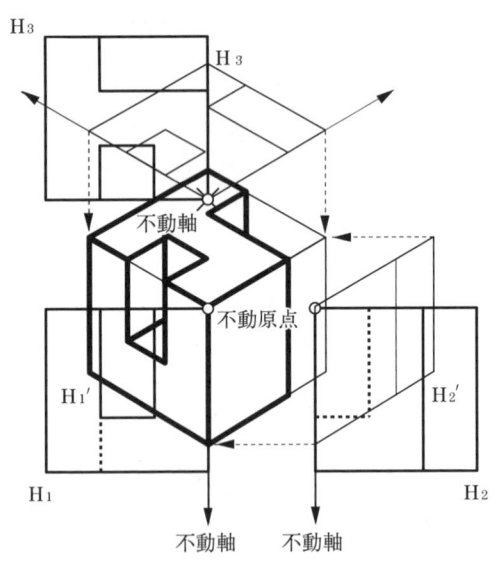

図7.6　やや複雑な形状の立体に関する三面正投影図から等角投影図への変換

7. 直軸測投影図　45

> 参　考

　直軸測投影図の**一般作図法は複雑**である。また工学図面として直軸測投影図が用いられるのは，主にポンチ絵としてである。したがって，直軸測投影図は**感覚的に手で**作図することも多い。

　手で作図する際に最初に決めなければならないのは，**投影方向**，すなわち直軸測投影図における三軸の方向である。これは，元々の直交三軸を投影した結果得られるものなので，**自由に選べるわけではない**。図 7.7 は等角投影図の場合の三軸方向であり，破線は立方体を示す。図 7.8 はやや斜めからの直軸測投影図における三軸方向で，これはこれで見栄えはあるが，各軸の縮率はそれぞれ異なるので図面の解析は煩雑となる。図 7.9 は一見不自然に見えるが，これは三軸のとり方が**不適切**だからである。本来互いに 90° の角度を有するそれぞれの軸は，見方によっては確かに 90° 以下の角度となるが，この時は残りの一軸が必ずどちらかの軸と 90° よりやや広い角度となっている。図 7.9 の軸方向はバランスが今一つである。

図 7.7　等角投影図の三軸

図 7.8　やや斜めからの
直軸測投影図の三軸

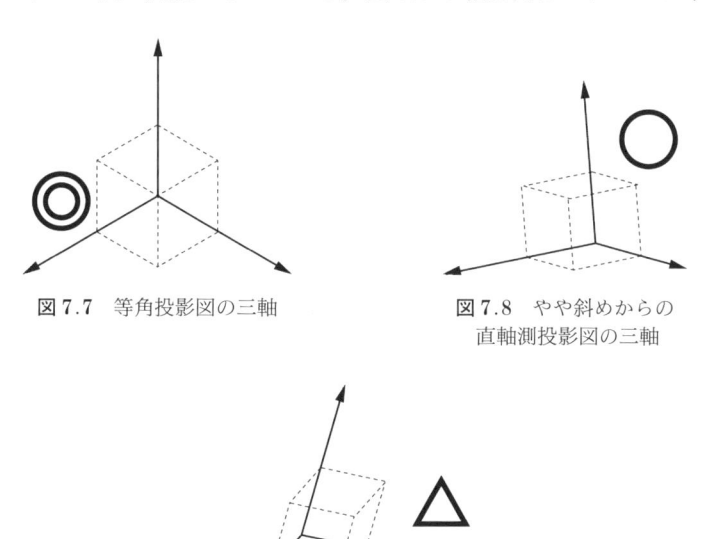

図 7.9　不自然な三軸をとる直軸測投影図

II. 製図の基本

演習

【7.1】 下の各三面正投影図で表している立体を，等角投影図で描画しなさい。描画は，三面図の立面図に描き込みなさい。また，別の投影線方向の直軸測投影図を，フリーハンドで描画しなさい。

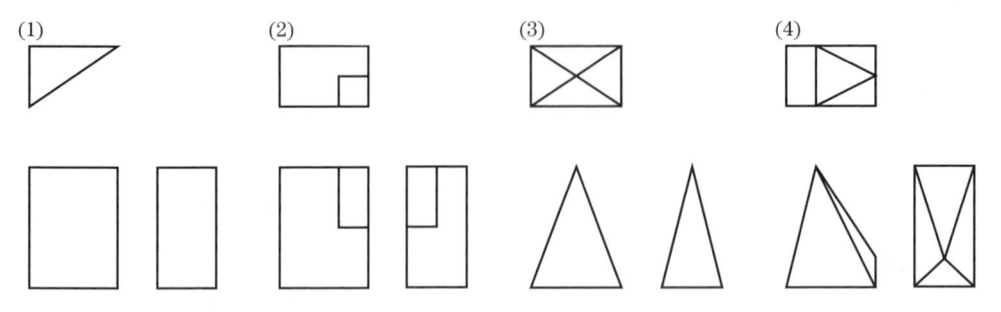

(1)　　　(2)　　　(3)　　　(4)

【7.2】 下の各直軸測投影図で表している立体を，三面正投影図で描画しなさい。寸法を遵守すること。

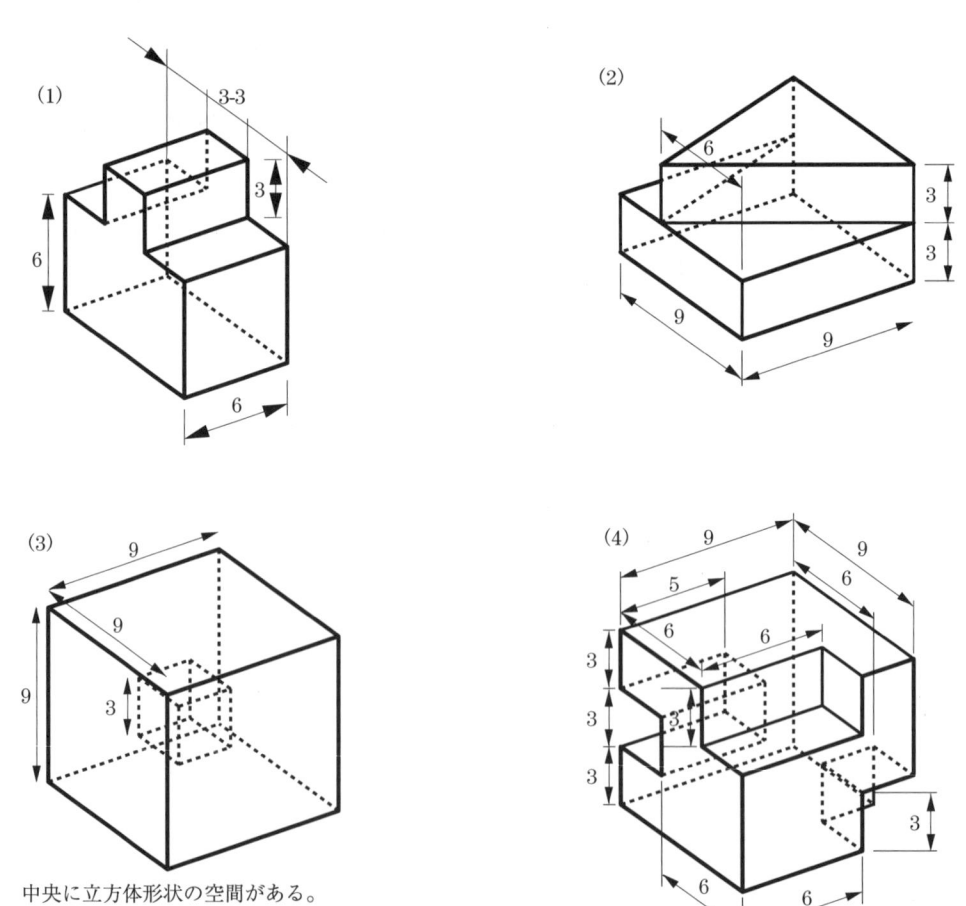

(1)

(2)

(3)

中央に立方体形状の空間がある。

(4)

8. 斜軸測投影図

> **ポイント**

　斜軸測投影図は，その**正面を正確**に描画しつつ，**奥行きをそこそこ**表現した図である。奥行きの作図が適切でないと，図の不自然さが顕著となる。

　本節では，三面正投影図において奥行きの方向（立面図と平面図における**基線**が奥行き方向成分となる）を定めて，それに基づき斜軸測投影図を作図する練習を行う。

> **予備知識**

　図 8.1 は，直方体を斜軸測投影したことを示す模式図である。斜軸測投影図では注目面の形状はそのままであるので，**投影面は注目面上**に乗せてよい。注目面と投影面が決まったので，投影線を決めれば斜軸測投影できる。投影線を例えば図のようにすると，投影線に従って頂点を投影して図中の斜軸測投影図が得られる。

　ここで，投影線を上方と正面から見るとどう見えるだろうか。それは図中の**平面図基線**と**立面図基線**のように見えるはずである。

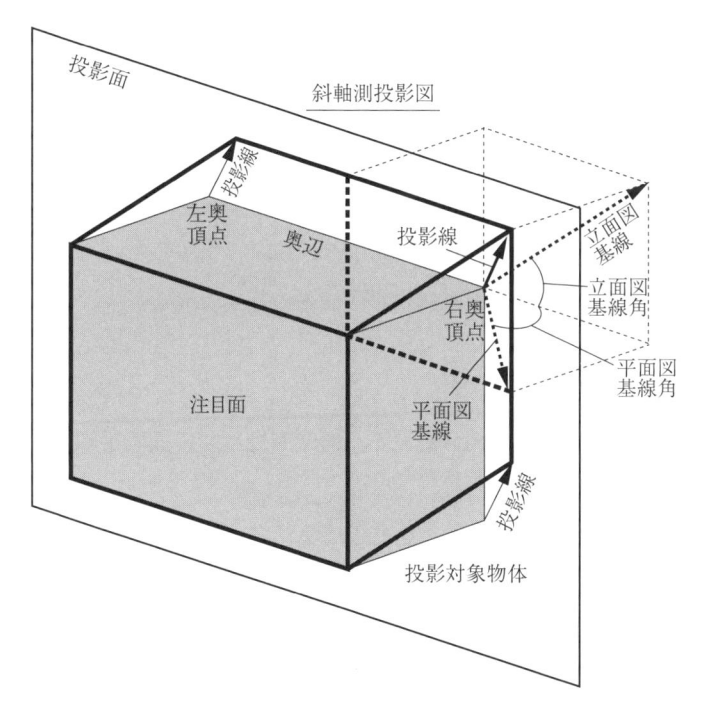

図 8.1 斜軸測投影図における基線

48　II. 製図の基本

基　本

さて，上記の予備知識を早速応用してみよう。図8.1の直方体について三面正投影図（これについては14節で扱う）を描画すると，**図8.2**のようになる。立面図に描画された面が注目面であり，投影線のそれぞれの面に対応する成分が基線である。基線は図8.1からもわかるとおり，**その方向が奥行き方向そのものを示さないので注意すること**。

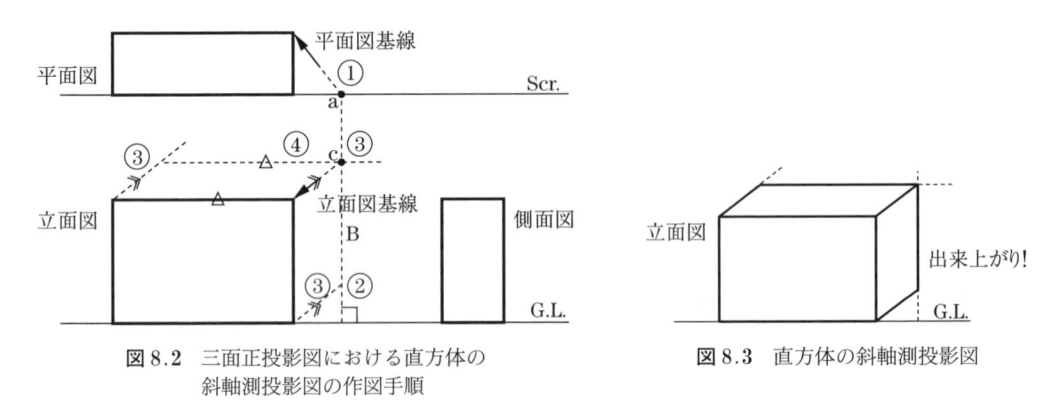

図8.2　三面正投影図における直方体の斜軸測投影図の作図手順

図8.3　直方体の斜軸測投影図

① まず平面図において基線を延長し，投影面線（図中 Scr. と記述した線）との交点 a を求める。

② 交点 a から，立面図における地面線（ground line，以下図中では G.L. と略記）に対して垂線 B を描く。

③ 立面図において，基線に平行に各頂点から線を引く。基線の延長線と垂線 B との交点 c が求まる。

④ 立面図において，交点 c を通る注目面上辺に平行な線を描く。これが奥辺である。**図8.3**のように外形線を描いて，出来上がりである。

この直方体の作図が，すべての斜軸測投影図描画の基本となる。

発　展

実際の形状はもっと複雑となる場合が多く，斜軸測投影図の描画手順は直軸測投影図と同様に下記の2つある。

（1）　**加算法**：その形状を直方体の組合せと考え，各直方体の斜軸測投影図をそれぞれ作図して最後に合わせる。

（2）　**減算法**：その形状を覆う大きな直方体1つを考え，まずその斜軸測投影図を作図し，余分な箇所を減じていく。

図8.4は図8.3の直方体の一部を除去した形状であるので，対応する斜軸測投影図を作図するに当たって減算法を採用することが適切である。図7.2の手順に引き続いて，**図8.5**に示す作図を下記の順に行う。

8. 斜軸測投影図　49

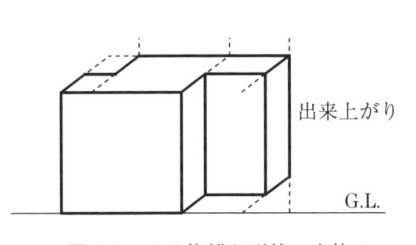

図 8.4 やや複雑な形状の立体の斜軸測投影図

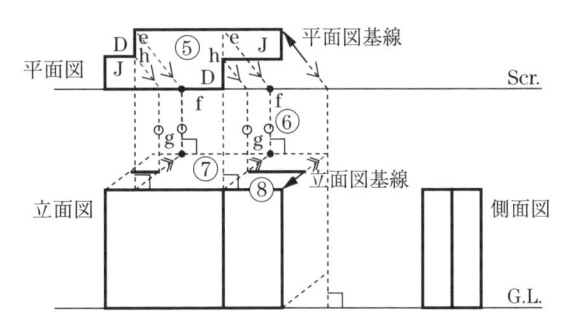

図 8.5 三面正投影図におけるやや複雑な形状の立体の斜軸測投影図の作図手順

⑤ 余分な部分を作図するためには，平面図の点 h が斜軸測投影図のどこに対応しているか作図する必要がある。点 h は線 D（eh を結ぶ直線）の上にあるので，線 D が斜軸測投影図のどこに対応しているか作図するのが有効である。線 D を作図するためには，線 D の端点 e が斜軸測投影図上のどこに位置するかを作図すればよい。

⑥ 端点 e は，平面図基線に平行に投影されるので，投影面線上の点 f が上から見た端点 e の投影先である。端点 e は奥辺上にあり，奥辺が斜軸測投影図上のどれかはわかっているので，結局端点 e に対応する点 g が求められる。

⑦ 点 g がわかれば，線 D に対応する線を斜軸測投影図上に引ける。

⑧ 同様の手順で，線 D 上の点 h に対応する斜軸測投影図上の点が求まり，結局線 J（h を通る横線）に対応する線が斜軸測投影図上に求められる。これが余分な部分の境界線である。図 7.4 のように外形線を描いて，出来上がりである。

参　考

三面正投影図から作図する場合に基線の方向を不適切にとると，作図したものは誠に不自然になってしまう。**図 8.6** は基線方向を変化させ，縦軸が立面図基線の角度 θ，横軸が平面図基線の角度 ϕ をとった斜軸測投影図の一覧である。諸君にはどの基線方向のものが自然に見えるだろうか。

斜軸測投影図を直接描画する場合には，立面図基線の角度 θ を描画の**便宜上 30°，45° または 60°** にすることが多い。いずれの場合も奥行きを適当に縮めてより自然に見える工夫をするが，その縮率（奥行き方向の長さ 1 を図面上で描く長さ）はそれぞれ**経験的に 0.6，0.5，0.3 程度**である。**図 8.7** は**カバリエ投影図**と呼ばれる斜軸測投影図で，x 軸と y 軸の方向を 0 時と 3 時とし，x-y 平面に平行な面を原寸で表し，奥行きを表す z 軸方向の立面図基線角度は 30° で縮率を有している。正面が複雑で奥行きが短調な物体の描画に適している。また**図 8.8** は**ミリタリ投影図**と呼ばれる斜軸測投影図で，x 軸と y 軸の方向を 11 時と

50　II. 製 図 の 基 本

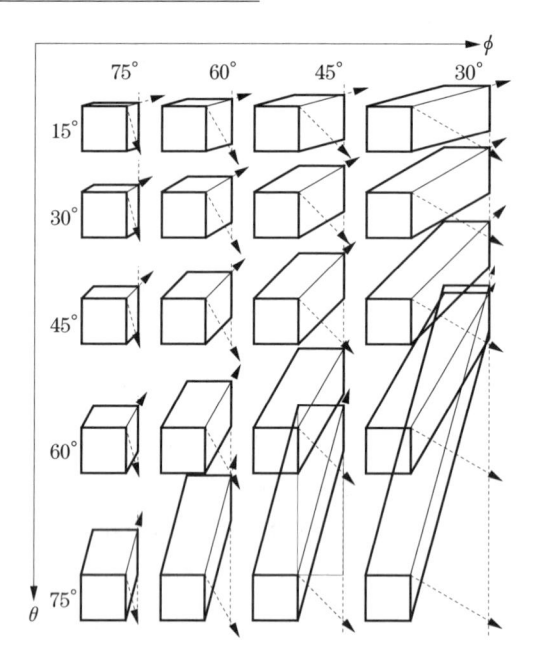

図8.6 立方体の斜軸測投影図の基線方向依存性

2時とし，x-y平面に平行な面を原寸で表し，奥行きを表すz軸方向の立面図基線角度は$-120°$（ただし，x軸とy軸の正方向を逆に採った場合には60°。わかりにくいと思うが，例えば天井を投影面に接触させて基線を描き，図8.1の基線と比較されたい）で縮率を有している。上から建築物を見下ろした図や，下から建築物を見上げた図としてよく用いられる。

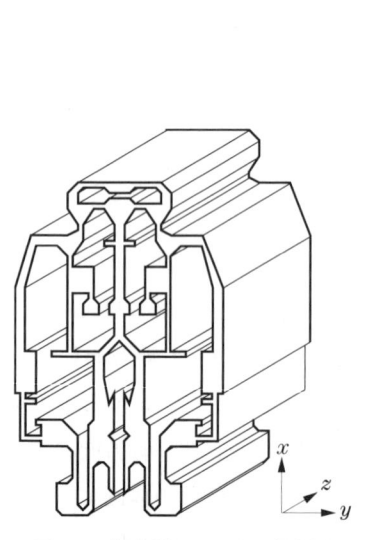

図8.7 押出材のカバリエ投影図

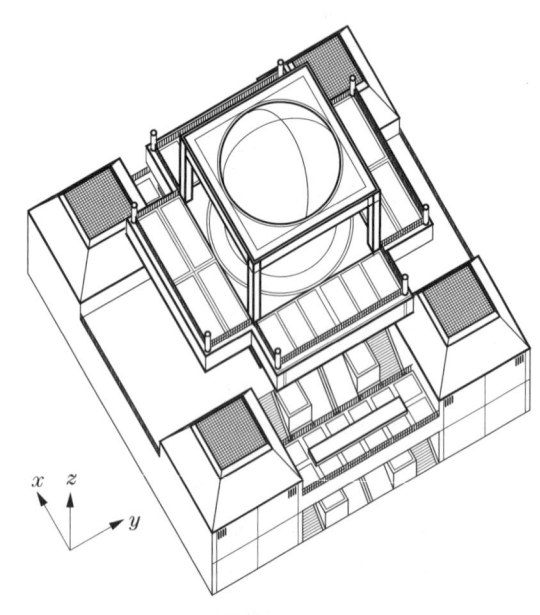

図8.8 建築物のミリタリ投影図

8. 斜軸測投影図

演習

【8.1】 1辺が3 cmの立方体を，カバリエ投影図とミリタリ投象図で描画しなさい。奥行きの縮率は，諸君の感性に任せる。定規を用いて線を丁寧に描画すること。

【8.2】 以下の三面正投影図で示す立体を，指定の基線により斜軸測投影図に作図しなさい。補助線や作図線は細破線で描画し，最後に外形線のみを太実線で清書すること。

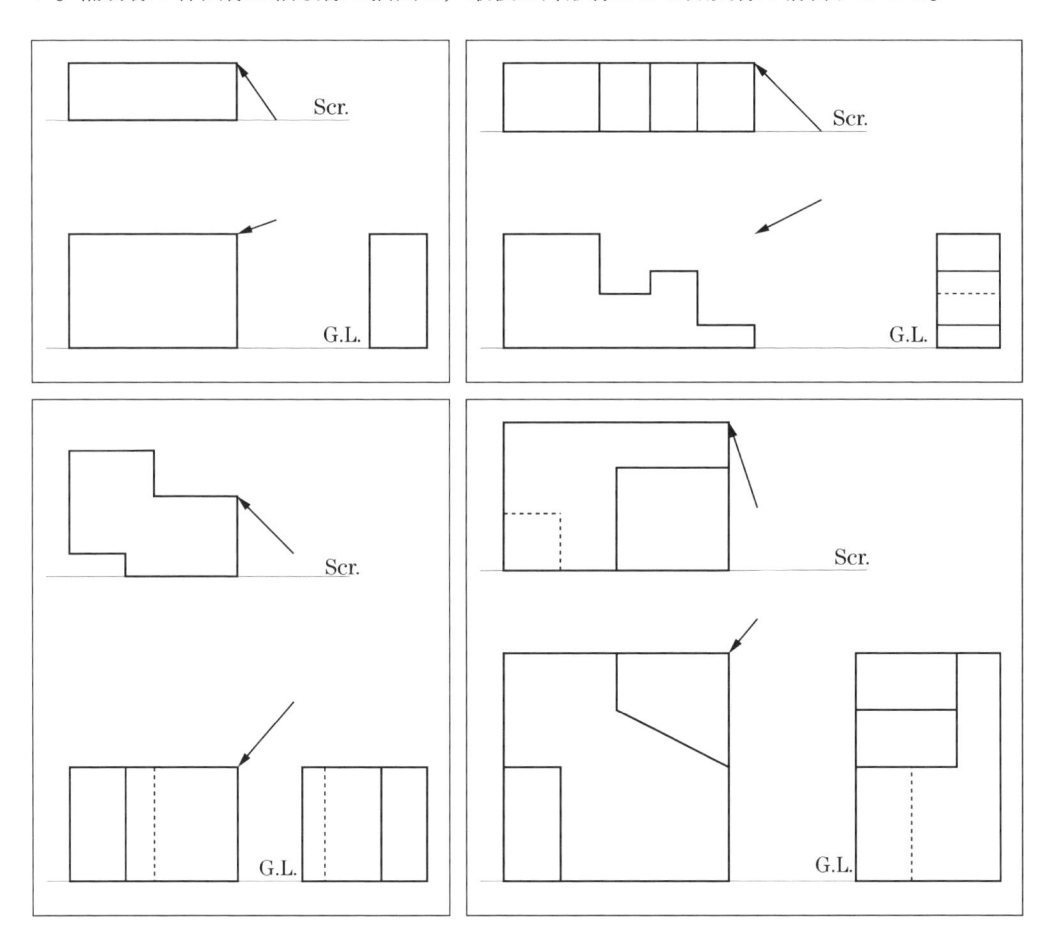

9. 透視投影図

> ポイント

透視投影図は，**奥行き**の表現に重点を置いた図である。言い換えると**無限遠方**の概念が存在し，議論の中心となっている幾組かの**平行線**が**消点**で集中する。この消点の数で透視投影図は細分類できる。

本節では，一点透視投影図における消点の説明を行い，透視投影図描画の練習を行う。更にその技法を，二点透視投影図と三点透視投影図に拡大適用する。

> 予備知識

投影線が平行線である軸測投影図と，集中線である透視投影図との決定的な差は，図面内に**無限遠方を表現**できるかどうかである。実際の平行線は見た目に無限遠方で集中し，それが地平面上の線であれば**地平線**（horizontol line，以下図中では H.L. と略記）で集中する。同様に透視投影図においては，平行線が集中する無限遠方上の点，**消点**が存在する。

図 9.1 に示す直角三角形の 2 色タイル張りの床には，3 方向の平行線ができる。そのうち長辺でできる平行線を地平線と平行にして見ると，残りの異なる**2 方向の平行線はそれぞれ地平線上の異なる消点で集中**するように見える。

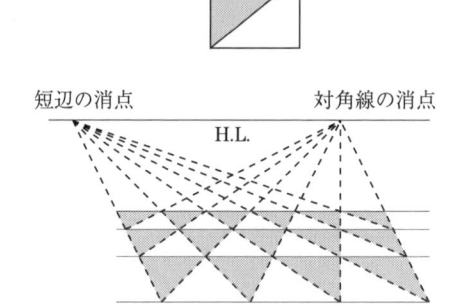

図 9.1 一点透視法における三角タイルの表現

> 基　本

一点透視投影図は，注目面が投影面と平行である場合の透視投影図である。注目面の下辺は地面に乗っていると仮定し，注目面の下辺を投影面における地面線（G.L.）とする。一般には**図 9.2** に示すように，視点を定めて対応する消点を求め，消点に基づいて奥行きを作図していく。

注目面は実物と同一形状が描画される。奥行き方向の目盛は，等間隔ではなく**後方ほど見**

9. 透視投影図　53

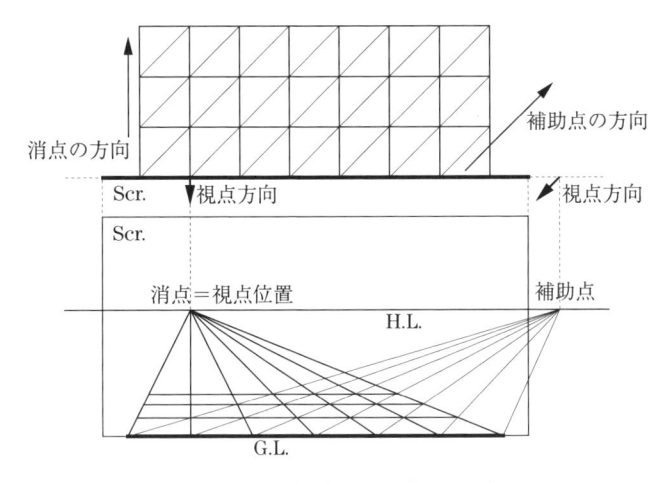

図 9.2　一点透視投影図の作図原理図

かけ短い間隔となるので，正確に作図することが重要である。消点は注目面に垂直な平行線が集中する点であり，**補助点**はそれと異なる方向の奥行き方向の（図9.2では平行線が集中する）便宜上の点である。奥行き方向の作図をする際に，消点以外に適当な補助点が必要となる。直方体の作図では，例えば底面の対角線に関して補助点を設けることが多い。

図9.3に，三面正投影図に与えられた直方体と視点および地平線から，一点透視投影図を作図する手順を示す。

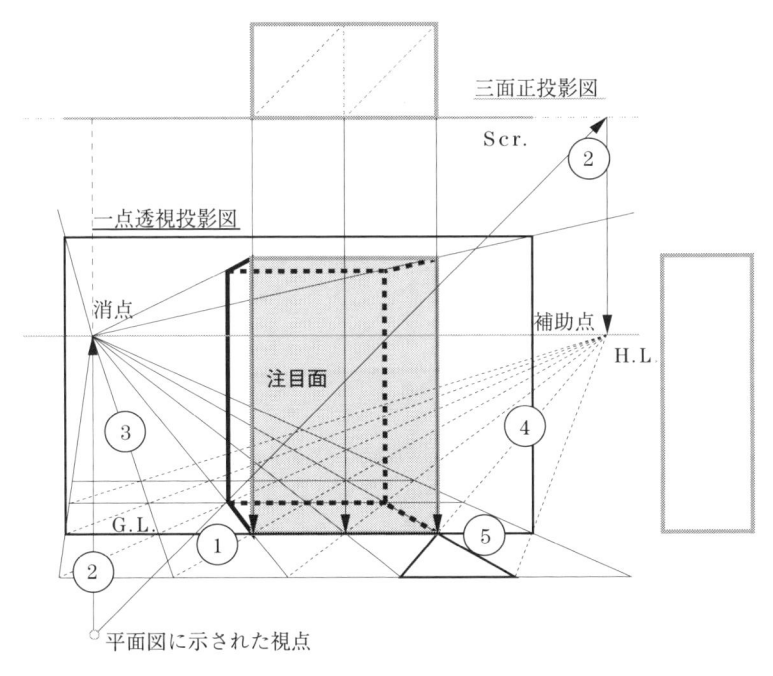

図 9.3　一点透視投影図作成手順図

① 投影面のG.L.に沿って目盛りを描く。
② 平面図において与えられた視点からScr.上へ垂線および対角線と平行な線を引き，その交点に対応するH.L.上の点を作図する。これが消点と補助点となる。
③ 得られた消点から①で描いた目盛りに対して，平行線を示す集中線を描く。
④ 得られた補助点から①で描いた目盛りに対して，平行線を示す集中線を描く。
⑤ タイル模様が作図できたので，奥行きを描画すると立体の一点透視投影図が完成する。

透視投影法では，三要素のうち投影線については，代わりに視点，結果的に消点（および補助点）を設定するのが普通である。もちろん，これらの消点および投影線は**一対一に対応**している。

なお，本来の消点は注目面の真後ろ中央に位置すべきものであるが，それでは特別な形状を除き奥行きが見えない。そこで消点を注目面で隠れない位置までずらして，一点透視投影図は描画される。つまり一点透視投影図は，一見もっともらしく見えるが，実は**奥行き方向を歪ませている**。斜軸測投影図と同様に，消点をずらしすぎると図が不自然になる。

発　展

二点透視投影図では図9.4に示すように，注目面が投影面とは異なる方向を向いている。注目面の最前辺**一辺**を投影面上に配置すると，作図が簡便になる。描画すべきは，投影面から見える面であり，その底面を構成する辺を含んだ**2組の平行線**（図中の重要平行線1と2）をどう作図するかが重要な作業内容となる。

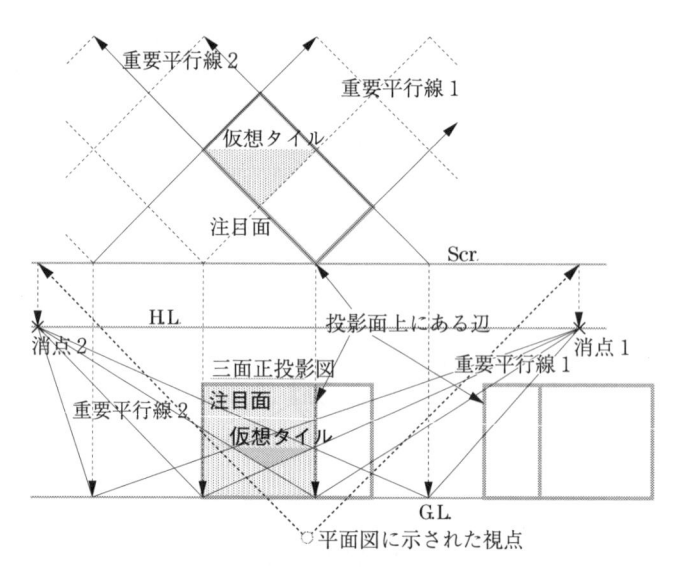

図9.4　二点透視投影図の作図原理図

前述のとおり投影線は消点により設定できるので，それを上記の **2 組の平行線の無限遠方を示す消点**とする。平面図上に視点が与えられた場合は，そこから 2 本の重要平行線に平行な線が Scr. と作る交点を基に，消点を H.L. 上に設定する。すなわちその名のとおり，消点は二つ設定することになる。投影面上の形状は図面上においても同一形状で描かれるので，重要平行線 1 と 2 が**投影面と交差する位置**は透視投影図においても同一位置となる。したがって，平面図における平行線と投影面との交点をそのまま立面図の G.L. 上に作図し，消点と結んで透視投影図における平行線 1 と 2 が求められる。これが二点透視投影法の基本である。

図 9.4 の続きで直方体を二点透視投影図として完成させると，**図 9.5** のようになる。一点透視投影図が奥行き方向に歪んでいたのに対して，二点透視投影図はそれはない。ただし，高さ方向はいくら上下にいっても平行線は平行のまま描写されるので，**高さ方向の歪み**（記述しなかったが一点透視投影図にもある）は残ったままである。

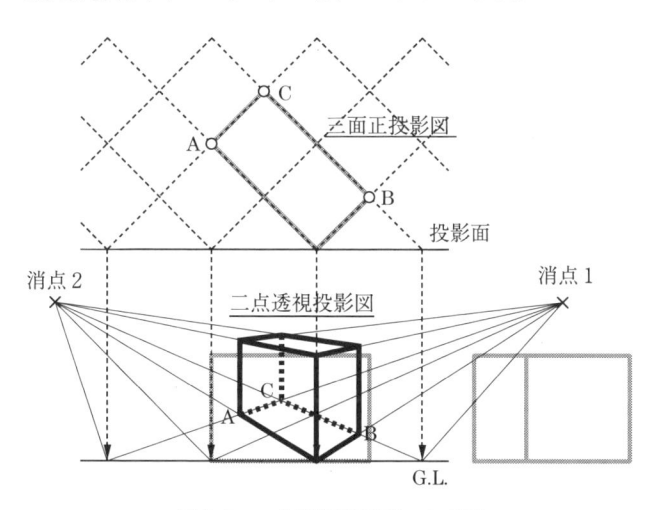

図 9.5 二点透視投影図の完成図

56   II. 製図の基本

参　考

　高さ方向の歪みを解消するためには，第三の消点が必要である．すなわち**図9.6**のように，注目面は完全に投影面と異なる方向を向き，投影面上には注目面の**一頂点のみ**を重ねるように考える．ここで考えるべき消点は，投影面上にある**頂点から発する三辺の方向**に関する．

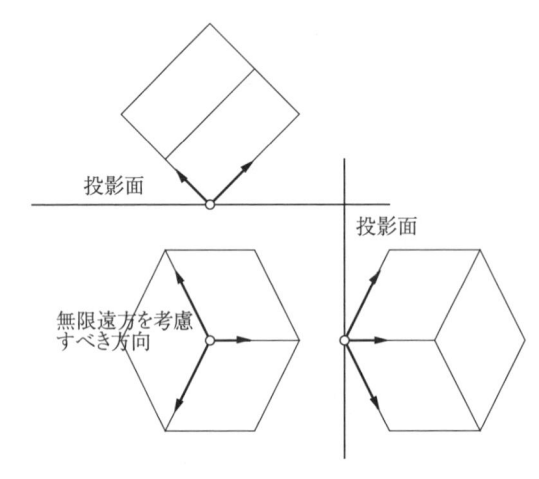

図9.6　三点透視投影図作図の際の投影面設定位置例

　三点透視投影図も三面正投影図から作図できないことはないが，あまりに煩雑なので説明は省略する．工学製図に登場することもめったにない．幾つかの三点透視投影図の例（**図9.7**）を見て，こんな図もあることを念頭にとどめてもらえればそれでよい．

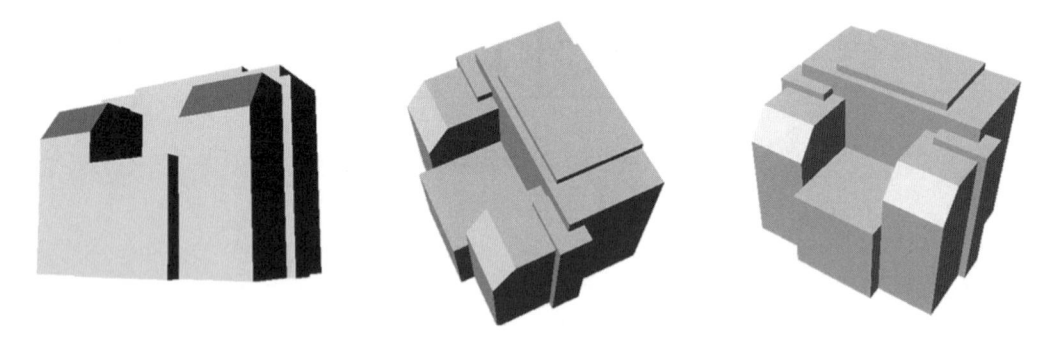

図9.7　いろいろな方向から作図した三点透視投影図

9. 透視投影図   57

演 習

【9.1】 下の二点透視投影図作図面の中に記した矢印が示すものは，何という名称か答えなさい。

① (　　　)　② (　　　)　③ (　　　)　④ (　　　)　⑤ (　　　)

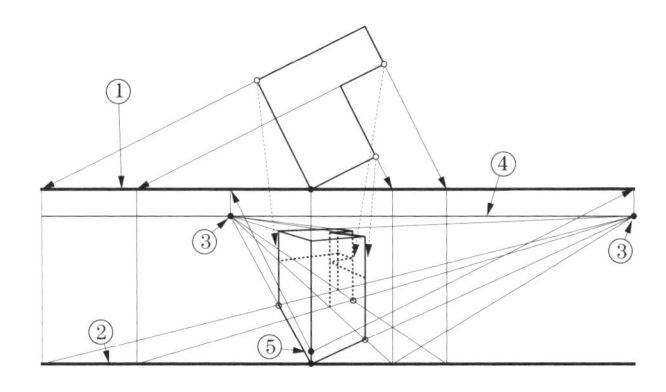

【9.2】 正投影図で与えられた物体を，透視投影法により描画しなさい。

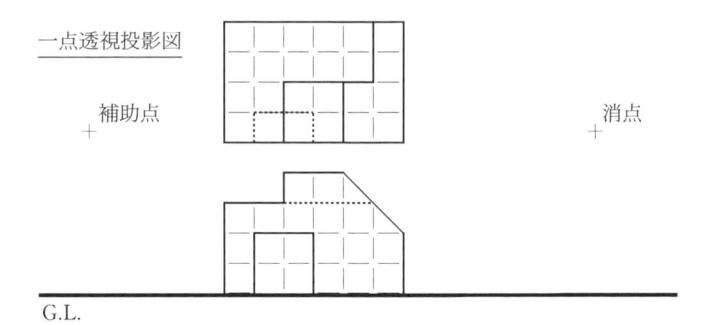

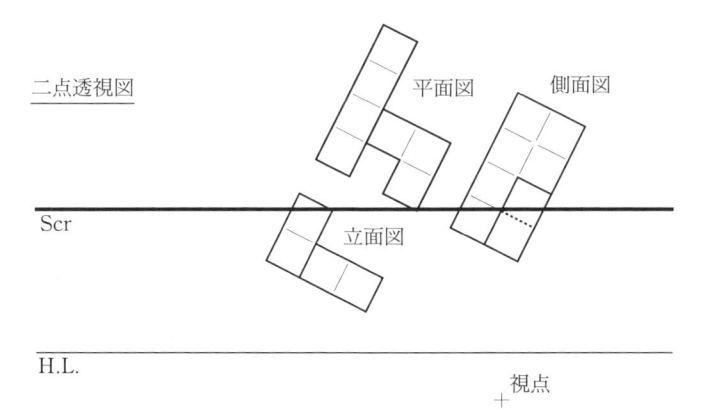

一点透視投影図

補助点　　　　　　　　　　　　　　　　　　消点

G.L.

二点透視図

　　　　　　　　　　平面図　　側面図

Scr　　　　　　　　　立面図

H.L.
　　　　　　　　　　　　視点

G.L.

課題 II

　本章は工学製図の基本的内容を扱っているので，課題を2回分用意した。それぞれをA3の図面として仕上げなさい。図面には，課題Iの寸法に従って枠線と表題氏名等を記入しなさい。2回にわたり描画するのは，下に示す教会である。寸法は右図を参照し，大まかなところだけを反映させればよい。

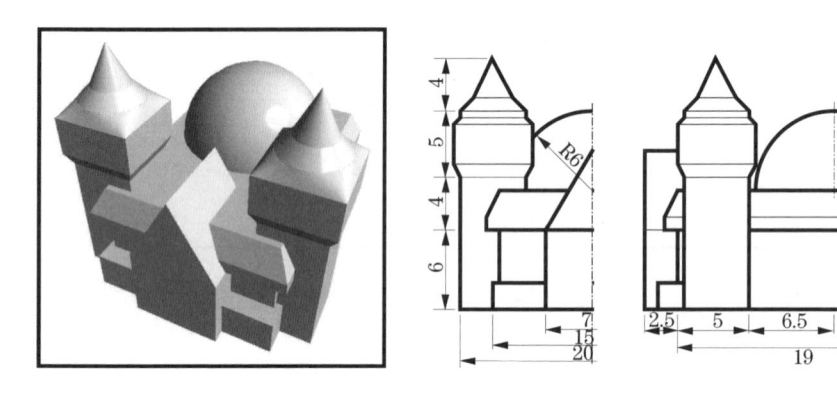

　［1回目］　下に示すイメージ図のように，鳥瞰図と三面正投影図を1枚にまとめなさい。鳥瞰図はフリーハンドで，見た目が自然なようにポンチ絵として描画しなさい。

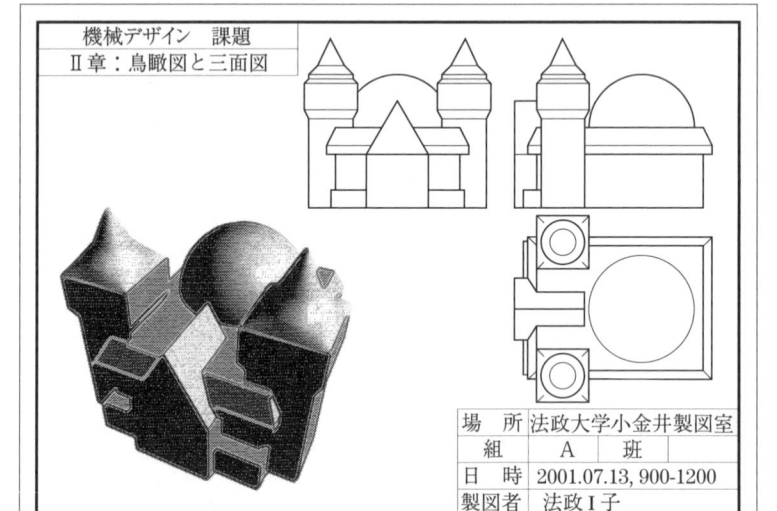

　［2回目］　教会を斜軸測投影法および二点透視投影法により作図し，左右に並べなさい。もととなる正投影図と補助線は細線とし，消さずに残しておくこと。それぞれの図面には「① 斜軸測投影図」，「② 二点透視投影図」と項目名を記入しなさい。

III. 図面の解析

10. 三面正投影図と交点

> **ポイント**

　三面正投影図は，**直交三軸方向**から見たままの図の組合せとしてなる。一般の工学物体は直交三軸を基準として製造されるので，それを見て全体形状を想像しやすいし，三面正投影図により**様々な解析**が可能である。

　図面の解析とは，その図面から，断面，陰影，展開図等を二次元的に作図することである。解析の基本は，平面どうしが交わってできる直線や平面と直線とが交わってできる点の位置を作図することである。本節では，交わりについて考え，平面と直線との交わりによりできる**交線**や**交点**の作図を行う。

> **予備知識**

　三面正投影図を製図する際には，直角三軸座標系を認識しておかなければならない。三面図は，対象なる物体を**三軸方向**から正投影した図の集合であり，設計図等のように細部まで正確に表現する際に有用である。

　見やすい図面を描画するためには，**三軸（三面）の選び方**が重要である。三軸を選ぶ観点は，次のとおりである。

（1）　なるべく多くの物体表面が，三軸と垂直となること。
（2）　なるべく複雑な形状の面を，三面とすること。

　また面や線を考える上で，以下のことが重要となる。これらは，後述の解析において面を変換（投影や移動）する上で，思い出してもらいたい。

（1）　平面は，**辺**が得られれば一意に決定される。
（2）　曲線は，曲面上の**格子線**を想像することにより，滑らかに結び推定できる。
（3）　直線は，**端点**が得られれば一意に決定される。
（4）　曲線は，端点のほかに適当な数の**曲線上の点**が得られれば，滑らかに結び推定できる。

　通常の工学図面では，図 10.1 に示す直交三軸座標系の**第一象限**に物体を置いて，三面図を考える。この考え方は図 10.2 に示す**第三角法**に相当する。ただし図面によっては，配置の都合上**側面図**の描画位置を右上にずらす場合もある。立面図を正面図と呼ぶ場合もある。

III. 図面の解析

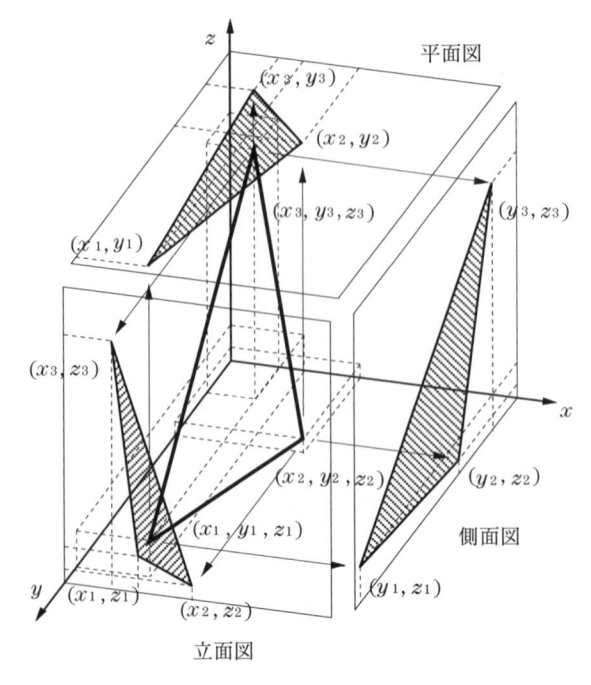

図 10.1 三面正投影図の投影原理

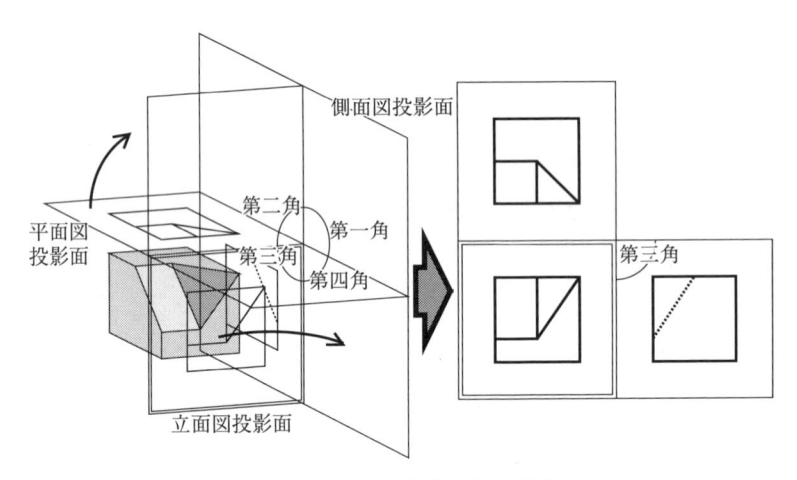

図 10.2 第三角三面正投影図の定義図

ところで今まで直感的に投影してきたわけだが，ここで整理しておこう．投影とは投影線に従って投影面まで移動させることであり，その際下記が具体的な作業の重要項目となる．

（1） **点**の投影を最初に行う．
（2） **直線**の投影を次に行うが，これは投影された点どうしを結ぶことでなす．
（3） **平面**の投影を次に行うが，これは投影された直線どうしを関連付けることでなす．
（4） **曲線や曲面**の投影は，一般的には多直線または多平面で近似をすることでなす．

10. 三面正投影図と交点   61

（5） **格子**を念頭に置き，場合によっては格子ごと描画する。

投影では，どの点，線あるいは面が，どの点，線あるいは面に投影されたかを明確にすることが大切である。

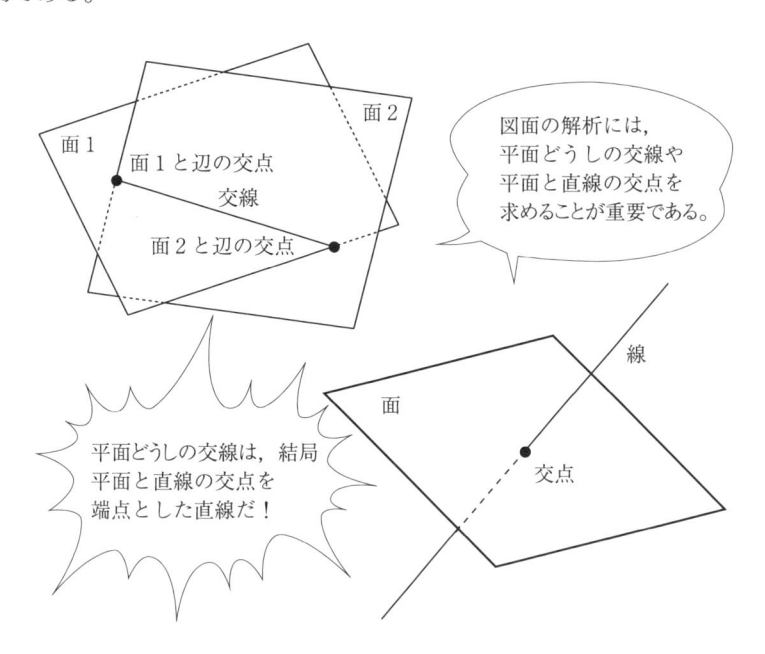

面1
面2
面1と辺の交点
交線
面2と辺の交点

図面の解析には，平面どうしの交線や平面と直線の交点を求めることが重要である。

平面どうしの交線は，結局平面と直線の交点を端点とした直線だ！

面
線
交点

基　本

さて，いよいよ交点を作図により求める。

図10.3に，三面投影軸の一軸に垂直な平面 S とその軸に平行な直線 L との交点の求め方を示す。交点の作図は極めて簡単である。三面図の中で平面 S と直線 L がいずれも**直線描画される面図**が2つあるので，一方の図における平面 S（描画は直線）と直線 L との交点 b が，実際の交点の投影位置である。また直線 L は別の面図において点描画され，交点 b は

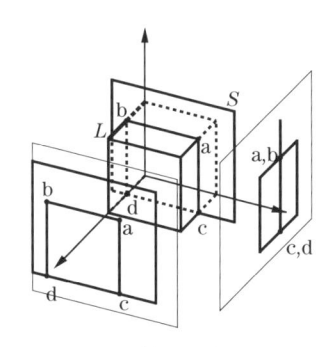

図10.3　一軸に垂直な平面とその軸に平行な直線との交点の求め方

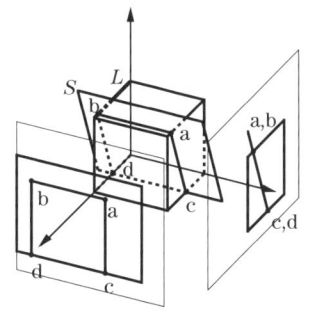

図10.4　一軸に平行な平面と別の軸に平行な直線との交点の求め方

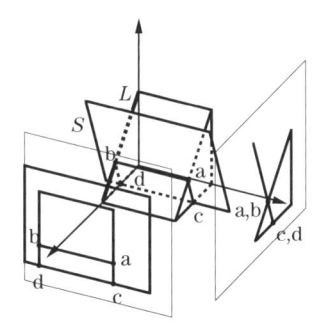

図10.5　一軸に平行な平面と一般的な直線との交点の求め方

同様にその点上にある。

ただし図 10.3 で平面 S が別の一軸とのみ平行な体系を考えると，それは図 10.4 のようになる。三面図の中でその平面 S と直線 L がいずれも**直線描画される面図**が 1 つあるので，その面図において同様に交点の投影位置が求められる。

ただし図 10.4 で直線 L がどの軸にも平行でない体系を考えると，それは図 10.5 のようになる。同様に三面図の中でその平面 S が**直線描画**される面図が 1 つあるので，その面図において直線 L との交点を求められる。以上の三例においては，交点は直線 L 上にあるということで，交点の投影位置から交点を三次元的に逆探知できるわけである。

発　展

一般には直線も平面も，どの軸にも平行でない図 10.6 のパターンである。この場合，補助線を用いて図 10.5 のパターンにしてしまえば，交点が求められることになる。

その直線 L を含み，**ある軸と平行な**平面 S_1 は簡単に設定できるが，それと与えられている平面 S_2（四辺形描写される）の二辺との交点は前述 基本 の図 10.5 のパターンであり，a'，b'，c' および d' が平面 S_1 が直線に投影される面図において簡単に求められる。別の面図においてこの 2 つの交点を結んだ直線 $a'b'$ および $c'd'$ と，そもそもの直線 L の投影線との交点 b，および d は，実際の交点の投影位置にある。

さあ，任意の平面と直線の交点が求まったぞ。

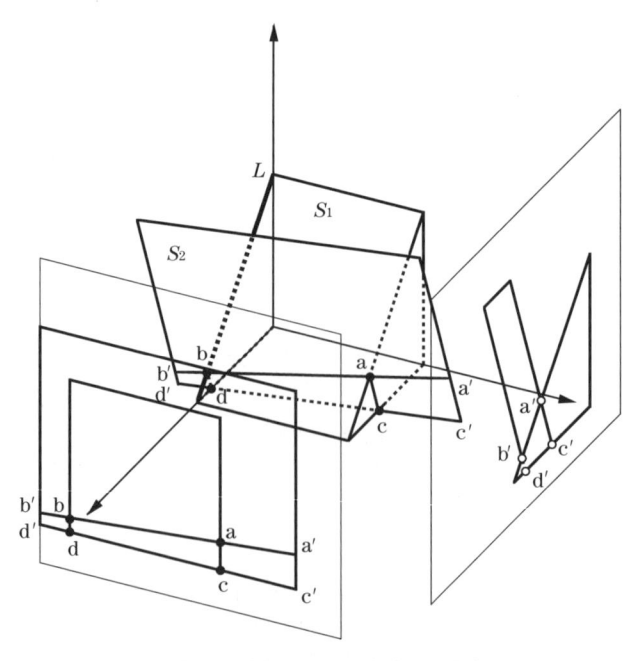

図 10.6　一般的な状態の平面と直線との交点の求め方

10. 三面正投影図と交点   63

[体　験]

　三面図は，一般的な工学図面の形式であり，実際には必要に応じて面図数は**増減**する。**図10.7**に示す2物体は，旋盤加工等により製作した軸対称形状なものである。これらの断面は円形状に決まっているので，中心線と断面半径を記述しさえすれば1面で用が足りるのである。また**図10.8**は家屋の外形見取図で，方角により形や設備が異なることが多いので，平面図を省略した上で，側面図を4面設けることもある。

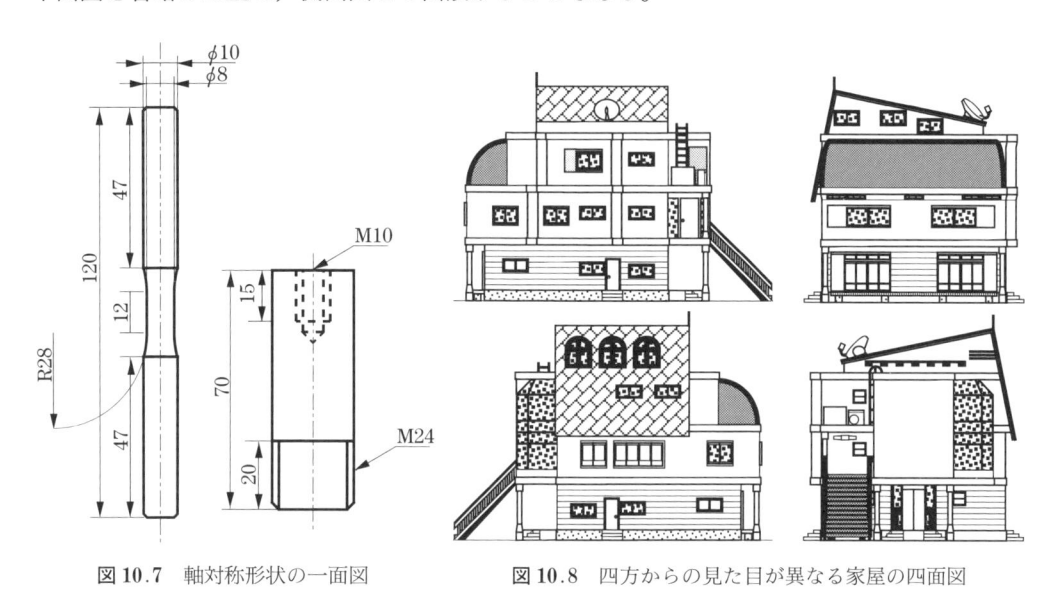

図10.7　軸対称形状の一面図　　図10.8　四方からの見た目が異なる家屋の四面図

[補　足]

　ここまで平面と直線との交点についてのみ述べてきたが，その他の場合はどうだろうか。

　平面どうしの交線は，**交線の端点**は，面と辺（直線）との交点であるので，状況は平面と直線との交点を重ねるのと全く同じである。

　平面と直線の交点は，結局**ある**面図において**直線どうしの**交点を求めることで得る。ここで直線を曲線に置き換えても，交点の求め方は変化しない。

　では曲面と直線との交点はどうか？　この場合は**図10.9**のように**曲面を多平面として近似**し，曲面上に格子を描くとよい。こうするとこの問題は平面と直線との交点を求める問題に置き換えられるので，交点を求めることが可能となる。曲面と曲線との交点も，これと同様である。

64 　III. 図面の解析

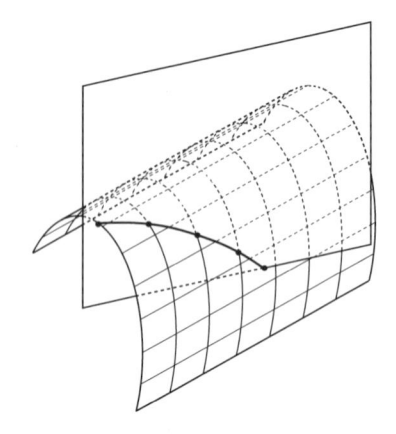

図10.9　曲面と平面との交線の求め方の模式図

秘　話

　なぜ，鏡は左右を反対に映すのか？　この質問は実はナンセンスなのだ。鏡は左右反対に映しているかのように見えるが，実はそうとも限らない。つまり，この質問は**間違っている**。

　え，何をいっているかわからないって？　無理もない。さて，直交三軸座標系を考えてみよう。今，x軸に垂線なx面を鏡と見立てて，**x面に関する面対称移動**を考える。すなわち，任意の点のx座標値の正負が逆転する移動である。

　仮に2つの点が存在し，これらの点はx座標値のみが異なるとする。両点を面対称移動したら，この両点の位置関係はどうなるだろうか。**図10.10**で考えると，黒点は最初白点よりx平面に近かったので，移動後もやはりそうである。待てよ，x座標上で白黒の**前後が逆転**したではないか！　そう，この鏡は左右ではなく，前後を反対にしたのだ。

　では，なぜ我々は鏡を見て前後ではなく，左右があたかも反対になっているように錯覚す

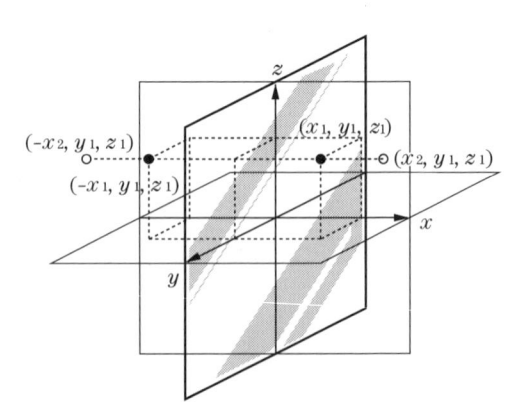

図10.10　x面に関する対称移動の原理図

るのだろうか。それは，我々の目が前方にのみあり，行動がすべて目のある前方を基準として考えられているからである。誰も，目が後ろにいったとは思わないので，目がある方が前だとすると，左手は右になっているし，右手は左になっているのである。

参考までに，鏡が**横**にある場合には，本当に**左右が反対**に映る。また，**足元**に鏡がありそれを踏んでいる状態では，鏡の像は**上下を反対**に映している。まあ，目のある方が前で足がある方が下といった**固定観念**が働いているので，鏡がどこにあろうが左右が反対に映っているように見えるのである。思い込みというのは恐ろしい！

III. 図面の解析

演習

【10.1】 諸君の身のまわりにある機械部品を適当に選び，その三面正投影図を描画しよう。最も特徴的と思われる方向からの図を立面図として，必要に応じて面図数を増減させなさい。

【10.2】 下のパターン1は図10.3および図10.4の，パターン2は図10.5の，パターン3は図10.6の例である。各パターンにおける平面と直線との交点を作図しなさい。

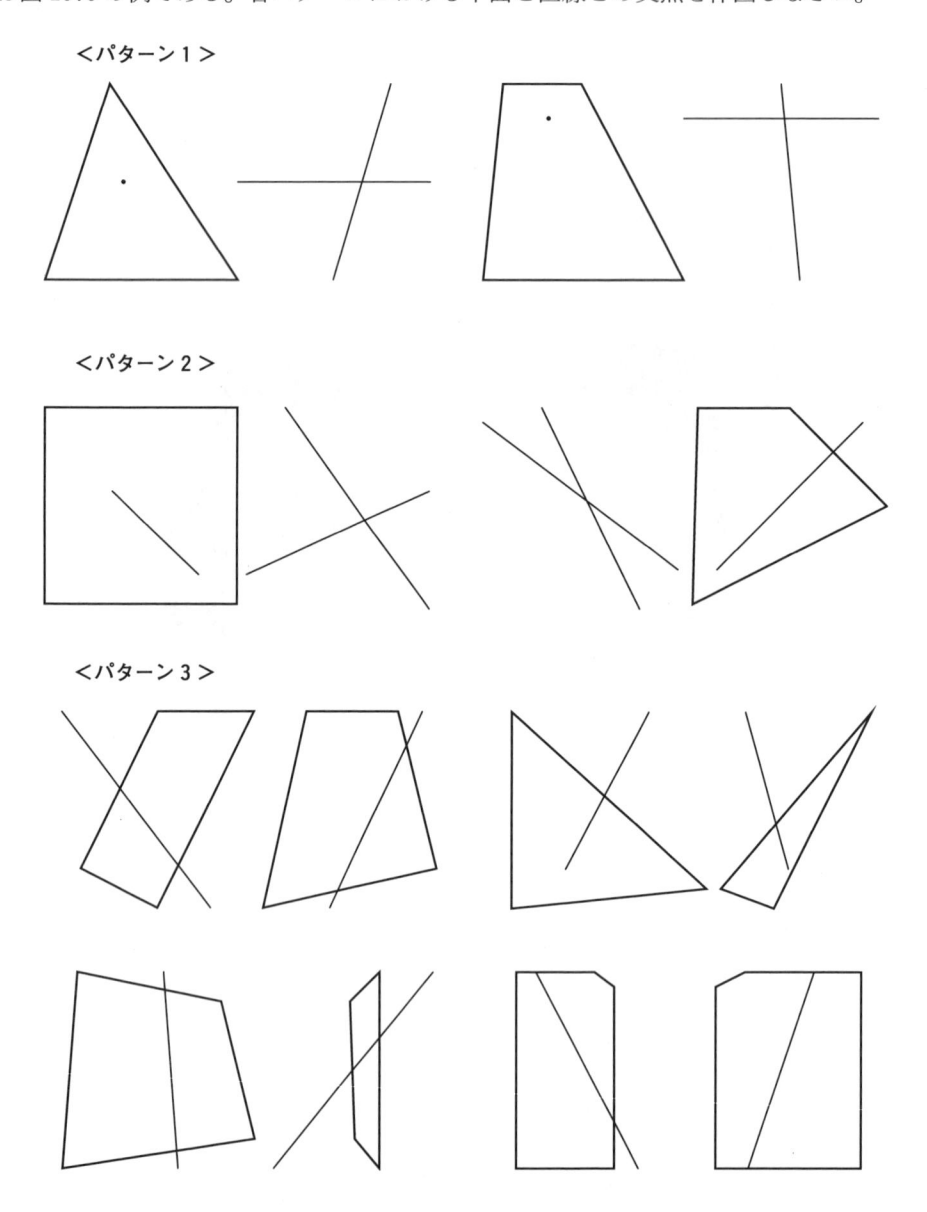

＜パターン1＞

＜パターン2＞

＜パターン3＞

11. 切　　　　断

> **ポイント**

切断とは，**切断面**（section）**との交点**（交線）を求めることにほかならない。すなわち，切断対象となる物体の各辺と切断面との交点を求め，**交点間を適切に補間**した形状が切断形状である。

切断の要点は，以下のとおりである。
（1）　切断面は一般的には平面である。
（2）　交点間の補間をするに当たり，それが**直線かどうか**に留意すること。

本節では，切断に関する作図を行う。

> **基　　本**

切断は，対象となる物体の**各辺**（それが平面箇所の場合）または**格子線**（それが曲面箇所の場合）と**切断面との交点**を求め，それらの**間を線でつなぐ**ことによりなされる。交点の求め方は，10節を参照されたい。

交点間をつなぐ線は**図11.1**に示すとおり，直線か，滑らかな連続した曲線か，あるいは直線と曲線がつながっている線（折れ線）かである。そこが平面箇所の切断であれば，図(a)のように直線で描かれるべきであるし，滑らかな曲面に設けた格子箇所であれば，図(b)のように滑らかな曲線となるべきである。また曲面と平面の境界線となっている辺が切断面となす交点は，図(c)のように折れ線でつながれる。

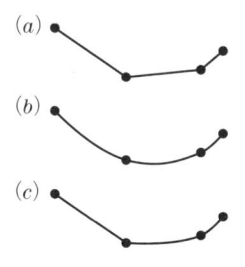

図11.1　交点の連結方法

機械部品等の断面図においては，そこに物体が存在するかどうかがわかりにくい場合が多いので，ハッチング等により**物体の存在**を示す場合も多い。ただしハッチングの仕方は図面によりまちまちで，べたやトーンで空間や物体，あるいは流体等の存在を示す場合もある。

68   III. 図 面 の 解 析

体　験

　切断図は案外多い。機械工学分野では，エンジン，船舶，航空機あるいは構造物の内部等，断面図のセットで複雑な形状を表現する場合が多い。また他の分野では，建築物の間取り図，内部構造図や縦断面図，地層断面図，原子における電子雲確率分布，人体解剖図等も断面図であり，数えたら切りがない。

　図11.2は，ある観測ドームの断面図である。右半分と左半分とで**断面位置が異なる**旨が記述されているが，こういった描画も多い。**図11.3**は，ある大容量放電針内部構造図である。上から下に内部から外部の構造を段階的な軸断面図で示している。更に，中図では3箇所周断面図を示しており，いわばこれは**二次元的断面図**である。**図11.4**は，とある時計屋敷の一階間取り図である。**黒い部分は構造体**である。

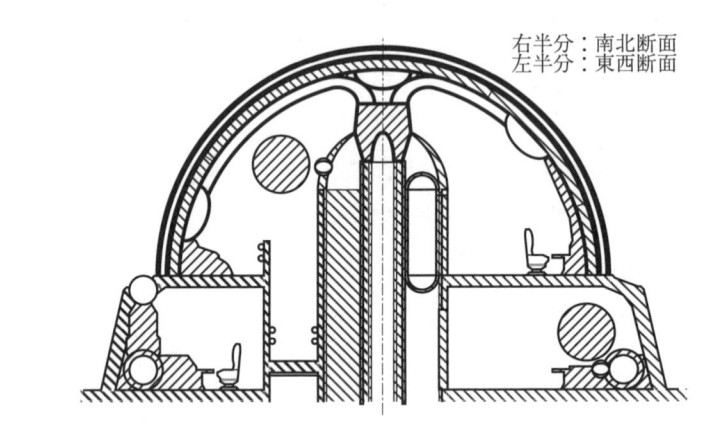

図11.2　観測ドーム断面図

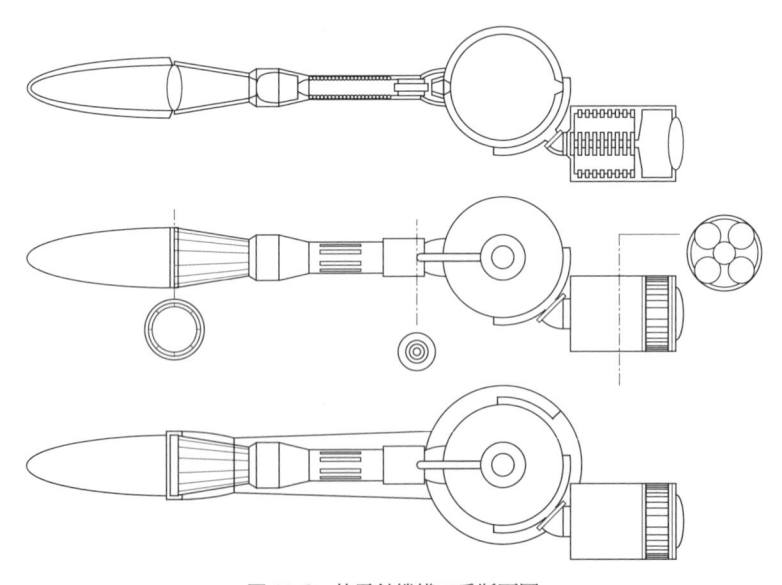

図11.3　放電針機構二重断面図

11. 切　　　　断　　69

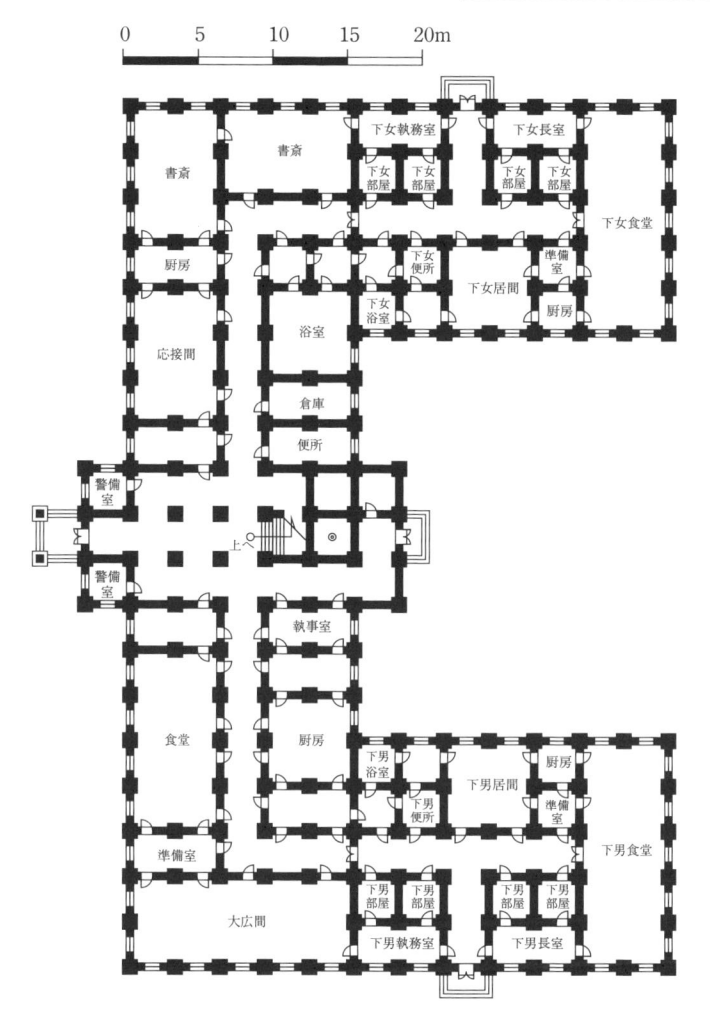

図 11.4　時計屋敷構造断面図

[秘　話]

　数学愛好家やパズル愛好家の間では，「円錐切り」なる遊びが知られている．図 11.5 のように円錐（circular cone）は切る方向によって円，楕円，放物線（parabola），双曲線（hyperbola），二直線とその断面形状を変える．これらの曲線は，実は**離心率**（eccentricity）なるパラメータを介して同類なのである．詳細は 16 節にて述べるが，ここでは**図 11.6** に切る方向と断面形状との関係を示し，これら曲線の同類性を定性的に述べておく．種々の数学的証明は別の機会に譲る．

70   III. 図面の解析

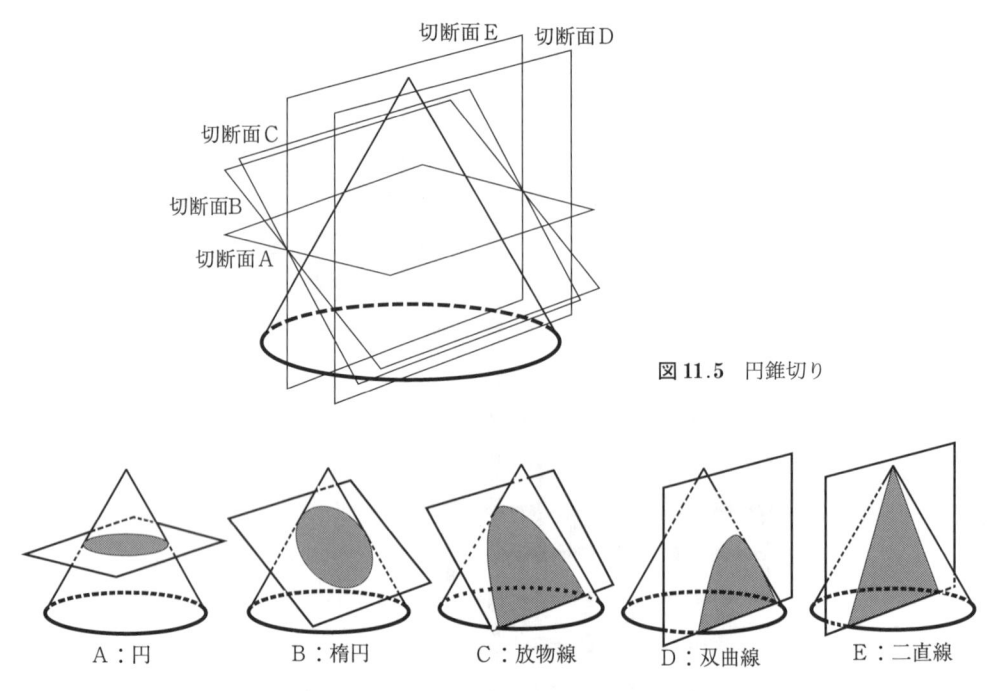

図 11.5 円錐切り

A：円   B：楕円   C：放物線   D：双曲線   E：二直線

図 11.6 円錐の切断方向と切断面形状との関係

　図 11.7 のように描画面を半径無限大の円筒における側面に見立てて，一方の焦点（静焦点と称する）を原点に固定し，もう一方（動焦点と称する）を円筒側面に沿って一周させる。二焦点が重なっている初期状態で円であった曲線は，動焦点の乖離に伴い楕円のつぶれた形状となっていく。動焦点が円筒側面の反対位置（つまり無限大の距離の位置）までくると，ちょうどその瞬間に放物線となる。更に動焦点は逆方向から静焦点に近づき，曲線は双曲線となる。やがて静焦点と一致すると曲線はついに二直線となるのである。

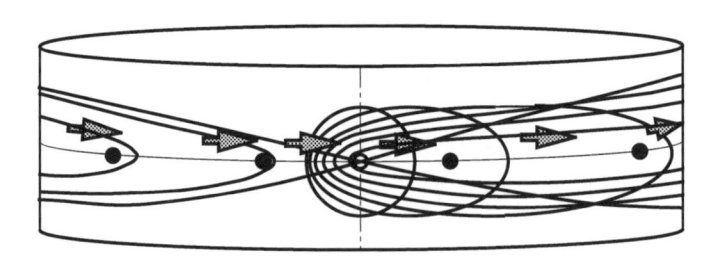

図 11.7 無限円筒面における二焦点と形状の変化

11. 切　　　　断

演　習

【11.1】 二面正投影図に示された六角錐および円錐の，平面による切断面を作図しなさい。

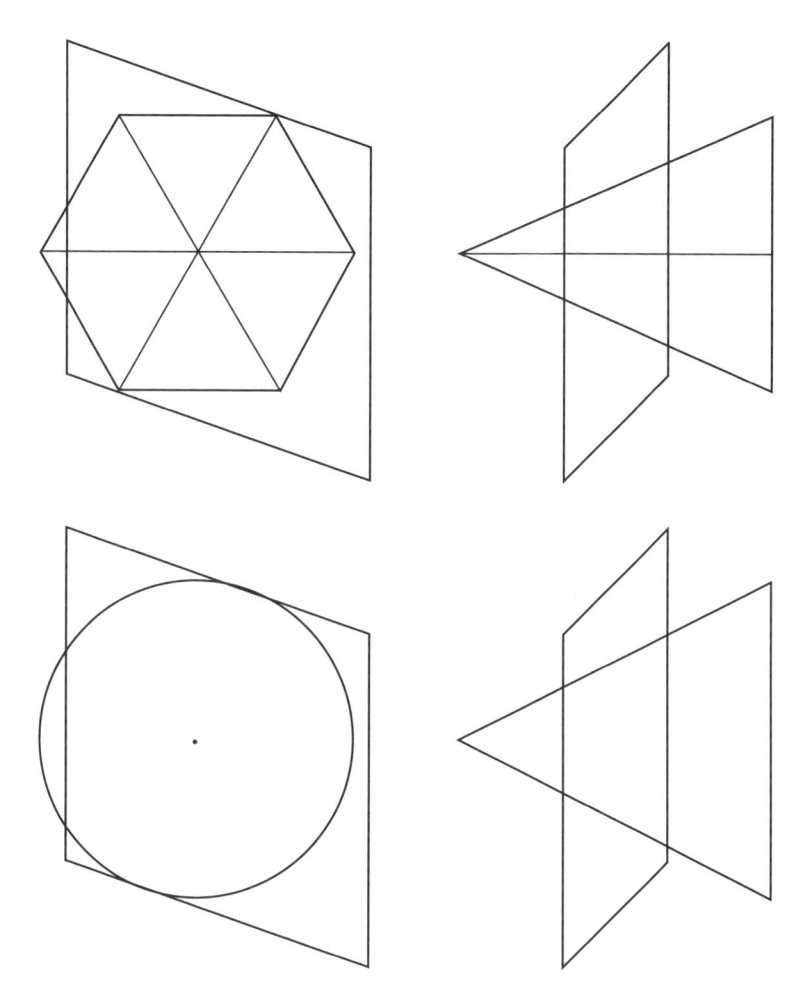

【11.2】 以下の文章の空白を，考えて埋めなさい。

（1） 平面の切断形状は，（　　　）となる。

（2） 曲面の切断形状は，（　　　）または（　　　）となる。

（3） 平面のみで表面が構成される立体の切断形状は，（　　　）となる。

（4） 曲面のみで表面が構成される立体の切断形状は，（　　　）となる。

（5） 球の切断形状は，いかなる場合でも（　　　）である。

72   III. 図面の解析

12. 陰　　　影

> **ポイント**

陰影の作図は，**光線と面との交点（交線）**を求めることに尽きる。ここで，光線とは点光源あるいは面光源（平行光線）であり，面とはその光線が**最初**に当たる面である。

陰影を作図する上で重要なことは，以下のとおりである。
（1）　陰は，光線が面に**接する**点を結んだ線を輪郭とする。
（2）　影は，**陰輪郭をなす光線**が交点を有する**すべての**面における，その面との交点（交線）を輪郭とする。

> **基　　本**

図12.1に示すとおり，「**陽**」は光線を浴びる物体上の面（箇所）であり，「**陰**（shade）」は陽または影でないすべての物体上の面である。一方「**影**（shadow）」とは，別の物体に遮られて，光線を浴びない物体上の面（箇所）である。定義上，**元々陽**であった面上にのみ影は存在可能である。

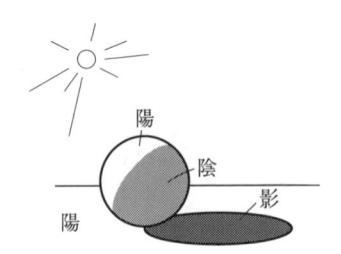

図12.1　陽と陰影

陰かどうかは，光線が当たるか当たらないかを判断すればわかる。平面のみで構成される立体においては，ある平面上に陽陰が両方存在することはない（図12.2）ので，面上の**任意の一箇所**に光線が当たるかどうかを調べればよい。曲面の場合には，陽陰が両方存在しうる（図12.3）ので，光線と面の**接触状況**を調べる。光線とその曲面とが接する場合には，

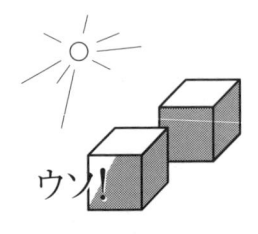

図12.2　同一平面に陽と陰が存在するウソ

図12.3　同一曲面に陽と陰が存在する場合

その接点（接線）が**陽陰の境界線**となる。光線が曲面と接しない場合には，その曲面には陽と陰は共存しない。接点の求め方は，曲面が円筒面のように一軸方向にまっすぐであれば**曲面が曲線**に見える方向から見ることにより，球面や鞍形面等の三次元曲面であれば**光線が点**に見える方向から見ることにより可能である。また，曲面を多平面近似してもよい。

図 12.4 に示すとおり，影はある物体に遮られた光線の形が，そのまま別の物体面に投影されてできる暗い箇所のことである。影の中から光線を遮った物体を見ると，やはり暗い。これは，その物体の反対側が光線を遮っているからで，反対側の面は逆に明るい。すなわち，影ができる時には必ず影を作る物体表面上に陽と陰ができる。したがって，**影の輪郭線**は陰の輪郭線に沿った光線の延長上にある。

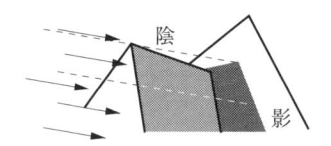

図 12.4 陰影の関係

[体　験]

機械工学分野における図面では，一般に陰影を**描画しない**。これは，陰影をあえて必要としないことや，光線の方向が定常的に一意に定められないことによる。しかし工学図面全体もそうであるかといえば，建築，都市設計工学分野においては日照問題が重要であるので図面に影が描画されることも多い。また土木，エネルギー工学，あるいは地質学等の分野においては陰も重要となることもある。

「光なき所に影も陰もなし！」
「陰なき所に影はなし。」

以下に，陰影を与えられた図面の例を示す。諸君は，こんな図面もあるなあ程度の気持ちで眺めてくれればよい。**図 12.5** は家屋の側面図に影範囲を作図したもので，造園計画に先立ち日照範囲を検討した際の資料である。**図 12.6** はある盆地であり，万年影地となる範囲を示している。**図 12.7** はエジプトの古代遺跡に隠された財宝のありかを示す地図…ならわ

74　III. 図面の解析

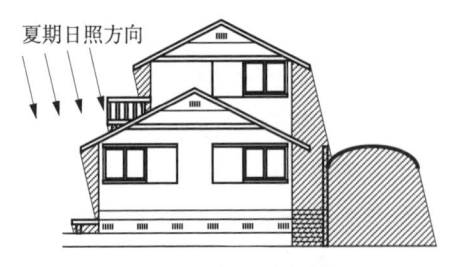

図 12.5 家屋の側面図

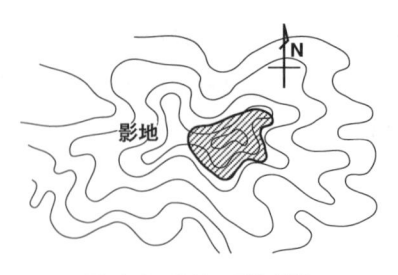

図 12.6 盆地の万年影地

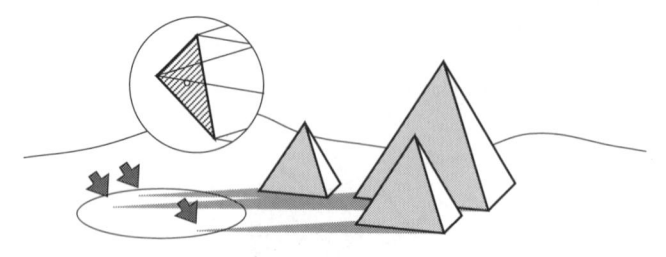

図 12.7 エジプトの古代財宝位置を示す地図（？）

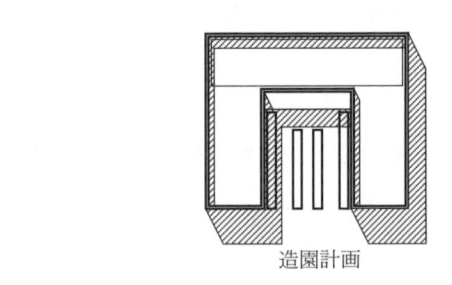

造園計画

図 12.8 建物の平面図

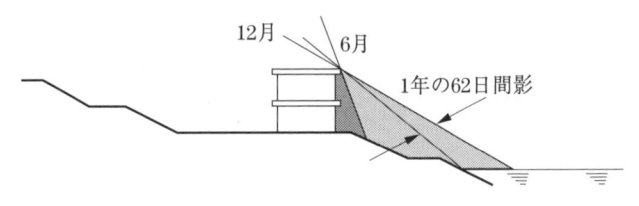

12月　6月　1年の62日間影

図 12.9 斜面の側面図

くわくするが，まあこんな地図はないだろうな。**図 12.8** はある建物の影の範囲を示し，図12.5同様造園計画の検討資料に使われる。**図 12.9** は，斜面に建物を建てた場合の日当たり具合の検討図である。

12. 陰　　　　影　　75

演　習

【12.1】 以下の物体に対して，点光源により発生する陰影を作図しなさい。陰と影は，それぞれ異なる密度（濃度）のハッチングにより描画しなさい。

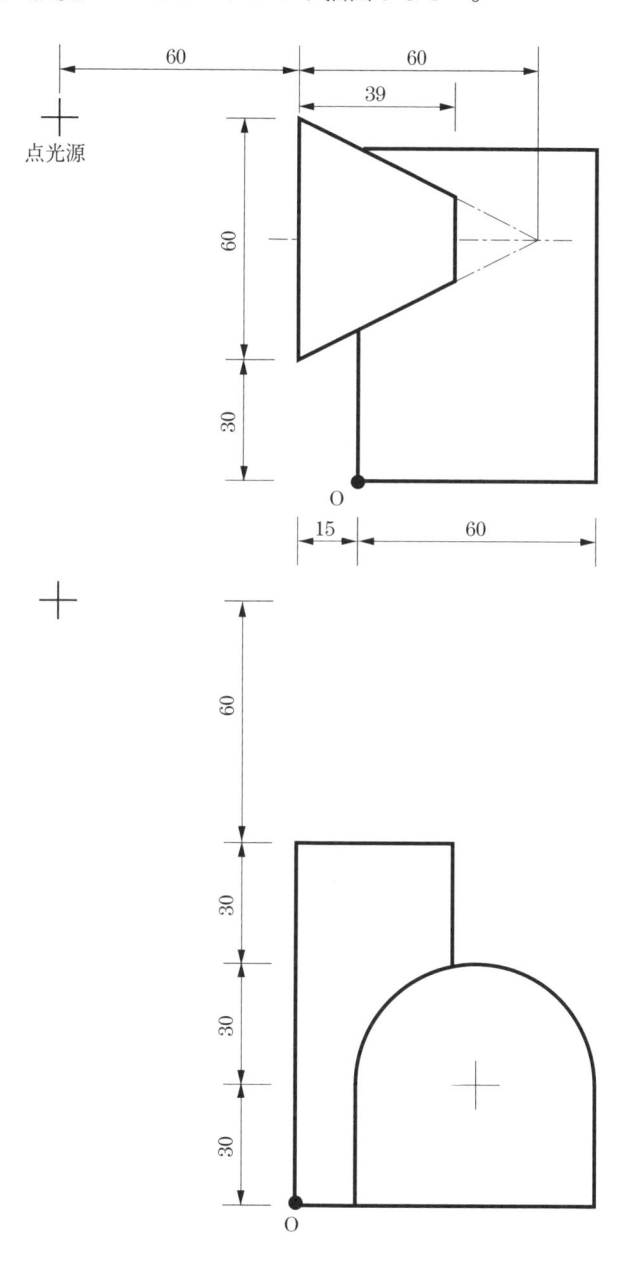

13. 相 貫

ポイント

相貫は，**物体どうしで切断し合う**ことである。ただし，切断では切断面は無限に広かったが，相貫では相貫面は有限の広さ（閉曲面）である。相貫により，すべての相貫面を表面の一部として有する立体ができるとも仮想できる。いずれが相貫される方で，いずれがする方かは，都合のよい（製図しやすい）ように解釈してよい。

本節では，相貫の作図を練習する。

基 本

中学校の技術家庭科で，木工加工法の一つとして「**ほぞ**」があったのを覚えているだろうか？　これは**図 13.1** のように 2 本の木材を直角につなぎ止めて十字に組む技法で，つなぎ止める箇所を互いにくりぬいた部分を埋め合うようにするものである。これは相貫をイメージするよい例である。立体どうしが（おかしな話しではあるが）互いに一部を共有し合う，あるいは重なり合うといった現象が生じると，全体として別の形状の立体が出来上がる。この現象は物理的には不可能だが，例えば図 13.1 や**図 13.2** のように部品を組み立ててその形を創出する際に，この**概念**は設計上重要となる。この現象を**相貫**（読んで字の如し，互いに貫き合うので）と称する。

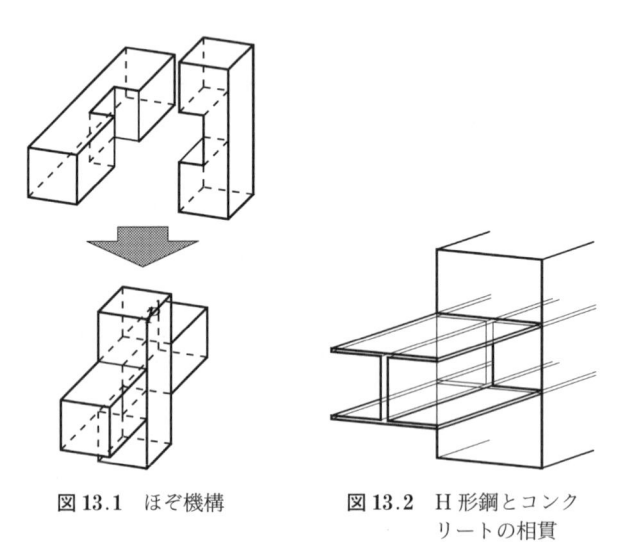

図 13.1　ほぞ機構　　　図 13.2　H 形鋼とコンクリートの相貫

相貫を論じる際には，一方の立体のどの面が，他方のどの面と衝突し合っているかを認識することが重要である。逆にこの作業が済んでしまうと，残された作業は 10 節で勉強した

交点作図だけとなる。すなわちすべての場合について，相貫箇所の外形は切断を基本に考えればよい。曲面どうしの相貫以外の場合には**平面側を切断面と見なして**交点（交線）を求めればよく，曲面どうしの相貫の場合には曲面に設定した**格子を切断面に見立てて**（繰返しが多くはなるが）同様の要領で交点を求められる。

図 13.3 のように立体の平面どうしの相貫では，重なった部分の形状は**多平面体**となり，外形を形成する辺はすべて直線となる。図 13.4 のように立体の平面と曲面との相貫では，重なった部分の形状は**曲面体**となり，外形は**直線**と**曲線**によりなる。図 13.5 のように曲面どうしが相貫した場合には，その形状は更に複雑になり，相貫箇所の外形は**曲線**からなる。ただし球どうしの相貫によりできる相貫面は，常に**円**である（図 13.6）。

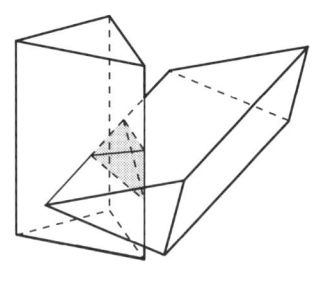

図 13.3　平面どうしの相貫例

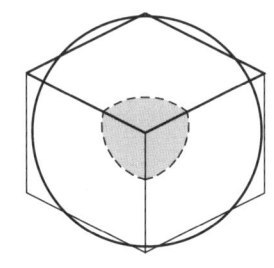

図 13.4　平面と曲面との相貫例

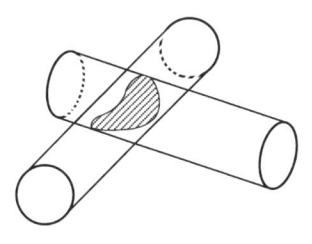

図 13.5　曲面どうしの相貫例

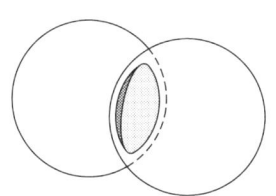

図 13.6　球どうしの相貫例

78   III. 図面の解析

> 参　考

　図 13.1 に示した「ほぞ」式接合法は何も木材に限った話ではなく，鉄棒どうしや鉄とコンクリートといった異種材料どうしの接合にも有効である。接合といえば，忘れてならない相貫の応用例に，**図 13.7** に示す「**ねじ**」式接合法がある。これは部材どうしを接合する際に，第三の材料であるねじを用いて，互いの足りない部分を補うものである。**ボルト**や**ナット**も同類である。また釘やくさびは，足りない部分を補い合うのではなく，既に足りている箇所に更に余分な物質を詰め込むことにより圧縮残留応力を発生させ，それに起因する摩擦力を利用して接合するもので，最終的な形状は確かに相貫状態であるがちょっと特殊な相貫である。

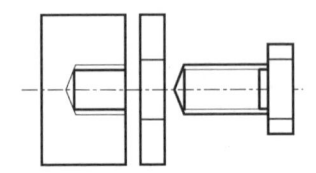

図 13.7　ねじ相貫の製図例

　このように相貫は，部材どうしの接合と深いかかわりがある。板と板の接合は，軽いがゆえに，接着や辺溶接等の簡単な接合により可能である。しかしもっと，**重い部材どうしの接合**では，このように相貫形状に気を遣うのである。リベット接合（**図 13.8**）やころ（転）機構（**図 13.9**）等も，機械工学に見られる相貫の例といえる。

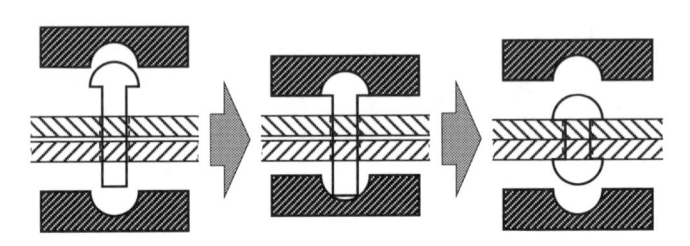

図 13.8　リベット接合の製図例

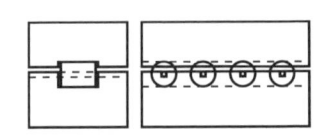

図 13.9　ころ機構の製図例

演習

【13.1】 以下の二面正投影図に示す三角柱と球との相貫について，その交線を求めなさい。上下2段の解答欄があるが，上段にはフリーハンドで直感により，下段には作図により正確に描画しなさい。

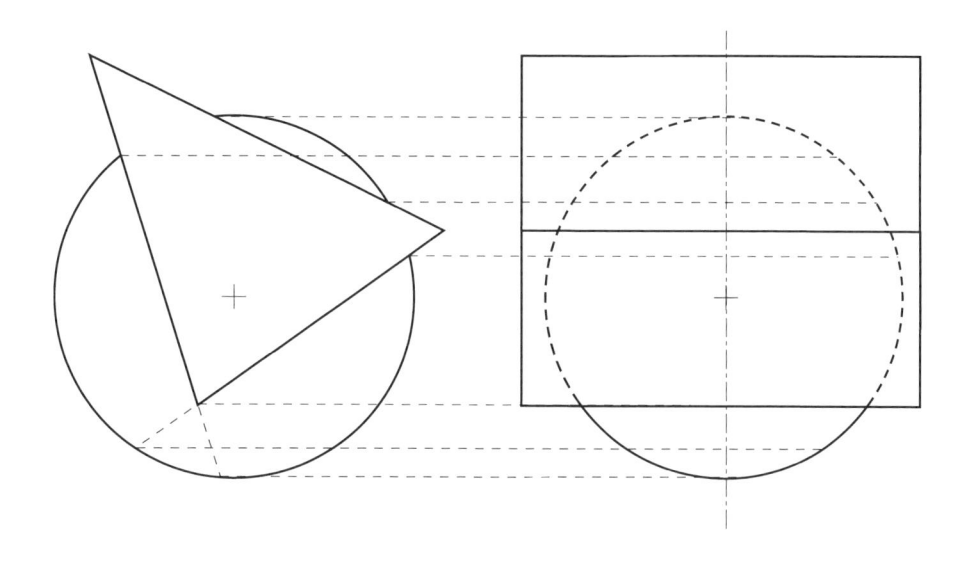

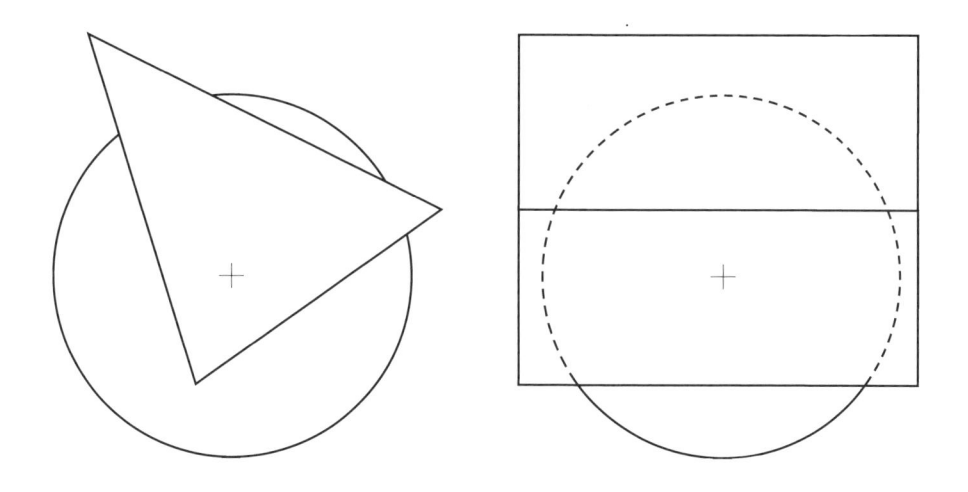

80   III. 図面の解析

14. 履歴と展開

ポイント

履歴とは，ある点や形状のものが，時間と共に**移動または変化**していく様を同一図面上に描画することである。履歴図面は，履歴を連続的につないで特徴的な曲線や曲面としたものと，1つ1つを確認できるように断続的に並描するものとに分けられる。

展開（development）とは，三次元物体の**表面をはがして広げて**描画することである。どこからはがすかにセンスを要することが多い。

基本—その1：履　歴

最も単純な履歴は，点の移動に関するものである。**図 14.1** は円運動を横から見て（単振動運動に見える），それを時間の関数表示したものである。**図 14.2** は波により，海面に浮いた葉がどう移動するかの位置変化を追跡したものである。これらの例のように点の移動パターンを**簡単な関数**として表せる時には，連続的な履歴を作図することが有効である。幾つかのプロットをもとに，それらを補間して曲線を描画することもある。

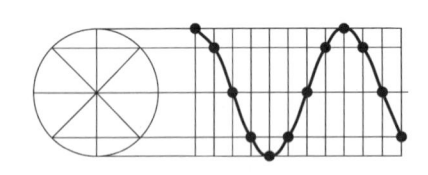

図 14.1 円運動を横から見た場合の時刻歴

図 14.2 海面に浮いた葉の位置履歴

図 14.3 のように線を曲面で連続的につなげる場合も，基本的には**線の端点をつなげる**ことにより表現する。ただし，線の方向と移動の仕方の関係が必ずしも一定ではないので，端点どうしをつなげた曲線2本だけではなく，**線そのもの**も描画することが必要である。この場合，あまり粗いプロットでは滑らかな補間ができない場合もある。

面の移動も表現しうる。この場合にも，基本的には辺または点の移動としてとらえればよい。

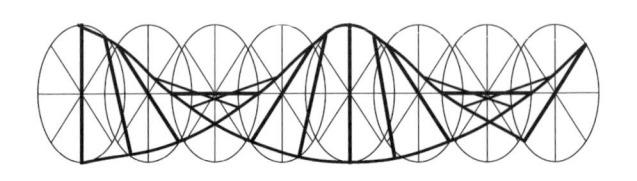

図 14.3 線の運動に関する履歴図の例

基本 — その2：展開

展開は，ある立体の表面のみに着目し，必要とあらば辺を**切断しその表面を平らに広げる**ことである。子供の頃によくやった（と思うが，いかがかな？）折り紙工作は，展開図を**逆に組み立て**ていく作業である。

新しい形状の物体を設計して三面図を描画して，さて，もしこの三面図で思っている物体を表現しているだろうかと不安になった場合には，この展開（あるいは展開図の組立）を自分ですればよい。土地計画等様々な分野で作られている模型は，実は展開および組立作業をしているわけである。**図14.4**に幾つかの展開例を示す。

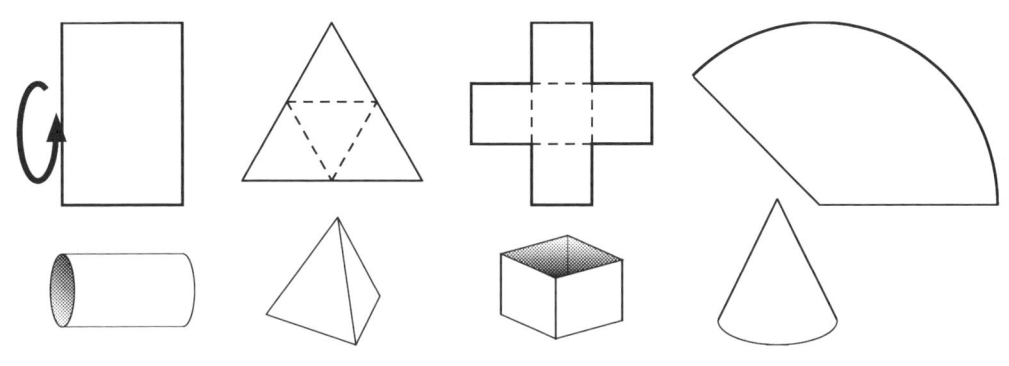

図14.4 幾つかの展開図の例

大抵の場合，展開方法は複数存在する。形状設計等をする場合には，展開図が**単純**なほどよい。またある台紙から同じものをたくさん取る場合には，並べて**隙間があまり開かない**ような展開図がコストの面で有利である。これらの例のように，どうはがすかが重要となる場合もある。**図14.5**はさいころの幾つかの異なる展開図である。並べるには(d)が最善だが，どうもこれは切りにくそうである。

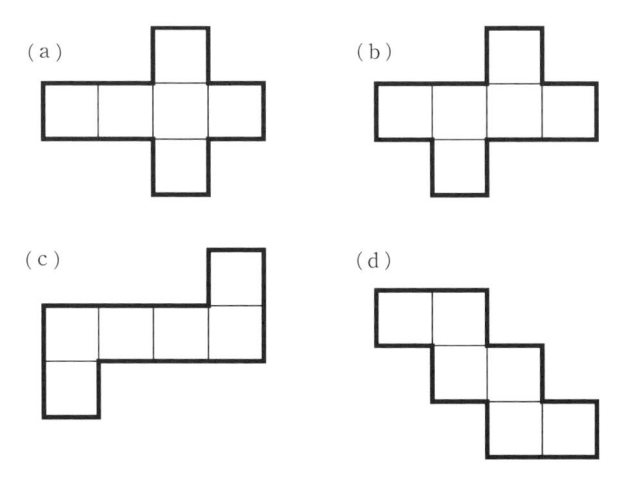

図14.5 さいころの幾つかの異なる展開図

82   III. 図面の解析

演 習

【14.1】 正方形を転がして，頂点の履歴を求めなさい。転がすのは一周で結構，コンパスで正確に作図すること。

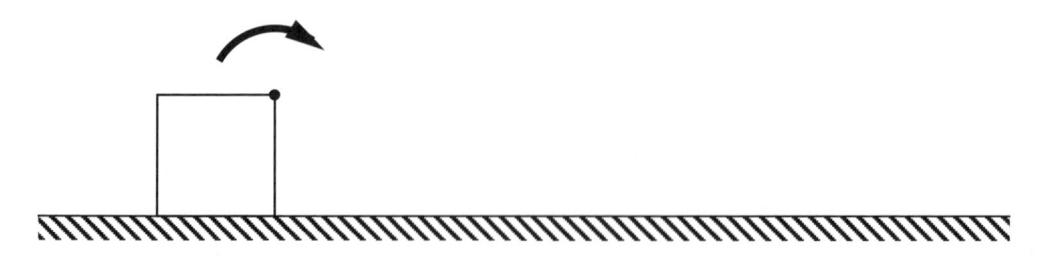

【14.2】 図1の見取図に示されているさいころを展開して，目と糊代まで正確に描画しなさい。目はフリーハンドで輪郭を描画し，図2の既に印刷されている ⚀ と ⚁ を含めて目の中をハッチングしなさい。また糊代等の寸法は，既に印刷されているものを参考に，それと同一にしなさい。

図1 見取図

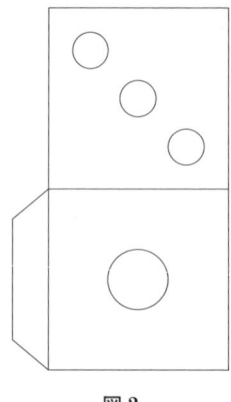

図2

課　題　Ⅲ

　下図のさいころを辺 AB を軸に 1 回だけ（90°）回転させ，しかる後に辺 CD を軸に 1 回だけ回転させる。この時，さいころ全体の履歴が作る新しい形状に関して，以下の手順で作図しなさい。

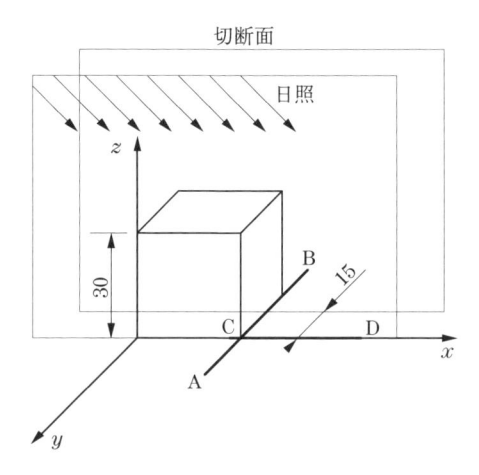

（1）　この新しい立体形状を，三面正投影図で描画しなさい。

（2）　太陽光線（S.S. line）を y 平面内において左 45°上方より照射し，発生する陰影を三面正投影図に作図しなさい。

（3）　上図中の切断面でその新しい立体を切断してできる断面形状を，正投影図で描画しなさい。

IV. グラフの作成と解釈

15. 視覚のパターン認識効果

ポイント

形状（画像）の**認識と解析**は，本質的にはディジタル（digital）処理のコンピュータでは完全にはできない。何故なら，形状認識とは直感的作業であり，物体形状の位置座標をすべて把握するだけの作業では完遂し得ないからである。すなわち，形状（画像）の認識と解析に関する能力を身に付けることは，工学的にも非工学的にも極めて有意義である。

本節では，形状（画像）の認識と解析がパターン認識（pattern recognition）に基づいて行われていることを説明する。

体験

図 15.1 は，1997 年の JR 時刻表に掲載の運賃表をグラフ（graph）にしたものである。斜めに入れた直線は比例関係を示すもので，移動距離が 700 km 以上の範囲において運賃は移動距離に比例することがわかる。しかし移動距離が 300 km 前後の範囲においては，運賃が高めとなっている。図 15.2 にその範囲を拡大した。どうやら移動距離が 35 km を超えると徐々に運賃は高めとなり，移動距離が 300 km 未満であれば移動すればするほどより高めの運賃を払わなければならないことになる。

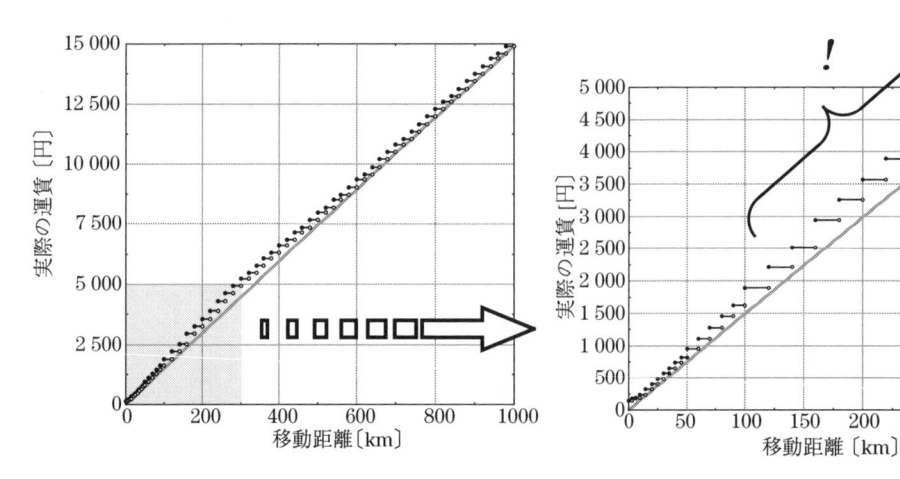

図 15.1　JR 料金体系グラフ　　　　図 15.2　JR 料金体系グラフの中距離範囲拡大図

15. 視覚のパターン認識効果

図15.3は，この運賃体系の特性を見抜いた切符購入法である．東京から千葉県は富津岬の手前にある君津まで，総武線（京葉線）と内房線を経由して移動することを考えよう．移動距離は81.3 kmであり，これを素直に通して運賃計算すると1450円となる．ところが途中駅蘇我で切って運賃計算すると，東京と蘇我の距離は43.0 kmで740円，蘇我と君津の距離は38.3 kmで650円，合計すると1390円と運賃は安くなる．移動距離が300 km未満の場合は35 kmに近い距離まで分割すべきで，更に船橋と袖ヶ浦で切って結局君津まで1350円で行けることになる．これ以上の分割は35 km未満の距離の分割となり，むしろ合計運賃は高くなり損である．

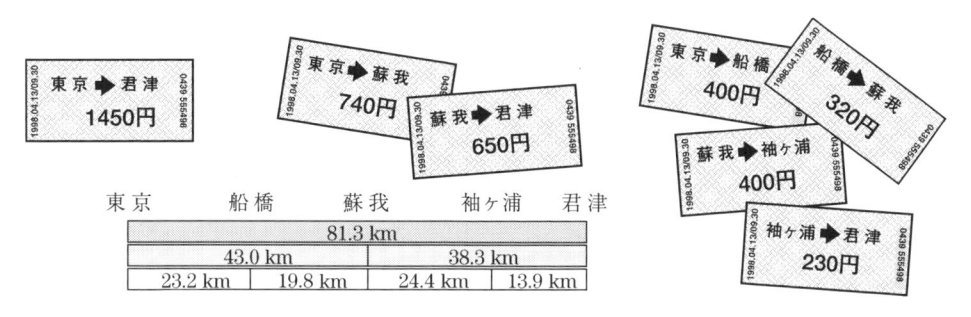

図15.3 東京-君津間の切符の買い方（実際には東京-千葉間は東京の電車特定区間の運賃が適用されるので，東京-船橋間は380円となる．なおこの区間は，東京-新小岩＝160円，新小岩-船橋＝210円と更に分割購入して370円まで運賃が下がる）

諸君には，別に，JRの料金体系は理不尽でけしからんので中距離の移動に対してはぜひ分割して切符を買うべし，といっているわけではない．ただ，運賃表に並ぶ数値を見ていたのではわからなかった運賃体系の特性が，**グラフを用いると簡単にわかってしまう**といいたかったのである．数値を眺めるのは**ディジタル処理**であり，グラフを解析するのは**アナログ** (analogue) **処理**である．ディジタル処理はわかっている論旨を進む推進力であるが，アナログ処理はその論旨を発見する力である．前者はコンピュータのお家芸であるが，後者は人間（生物）にだけ与えられた貴重な能力である．

ついでながら，図15.4に東京大阪特定区間用の運賃体系に関する分割例を，図15.5に東京大阪環状線内用の運賃体系グラフを示す．図15.4では2箇所（矢印部）において比例関係から大きく逸脱し，近距離側ではそれは割安方向で，遠距離側ではそれは割高方向であることがわかる．近距離側を拡大すると，290円と210円の切符が割安で使い得であることがわかる．残念ながら図15.5のグラフの示す運賃特性は近距離ほど割高なので，東京大阪環状線内では通して買う切符が最も割安である．

86   IV. グラフの作成と解釈

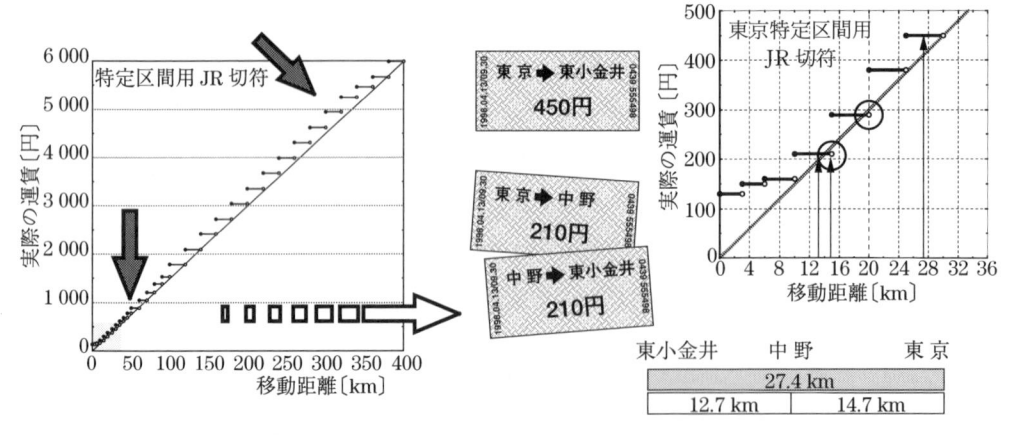

図 15.4 東京-大阪特定区間用運賃体系グラフと切符の買い方

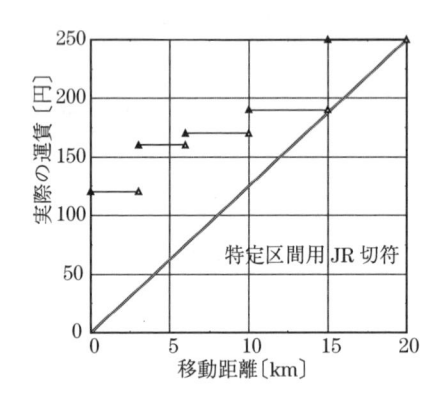

図 15.5 東京-大阪環状線内用の運賃体系グラフ

| 基　本 |

　数字データを処理することをディジタル処理と称し，そうでない処理をアナログ処理と称する。上記のように形状データを処理する**パターン認識**は，アナログ処理の典型例である。パターン認識は，**感性に基づく漠然とした解析**であるにもかかわらず，解析レベルは奥深い。**明確な基準と規則**に基づくプログラムを忠実に実行するコンピュータにとって，パターン認識は極めて不得意な行為である。感性に基づく解析なので，深い理論的検討ではなく**熟練やセンス**が必要となる。

　図 15.6 は，構造部材の一般的な曲げ強度評価試験により得られる荷重変位曲線である。曲線そのものはアナログ的である。部材が変わるとこの曲線の形状がどう変わるかを調査する際には，曲線どうしを直接比較するアナログ解析は**客観性に欠ける**ので，一般的には荷重変位曲線を定量的なディジタル処理することになる。

　ディジタル処理の第一段階は，曲線を**特性付けるパラメータ**を抽出することである。図においてはヤング率 E，比例限界荷重 F_y，比例限界変位 δ_y，最大荷重 F_{max}，最大荷重点変

15. 視覚のパターン認識効果　87

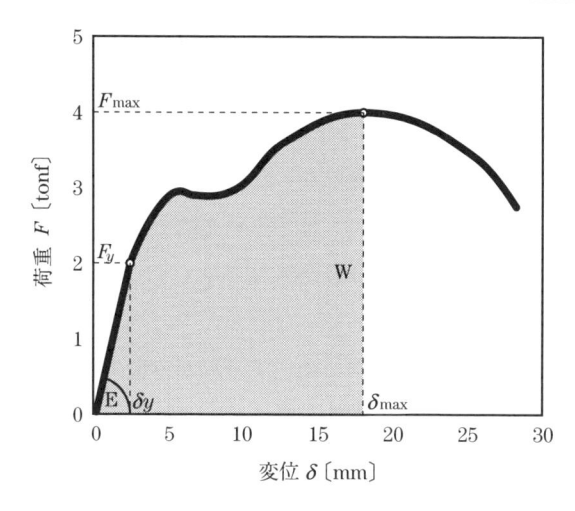

図 15.6 構造部材曲げ強度試験結果としての荷重変位曲線

位 $\delta_{\max}$，吸収エネルギー量 W 等が代表的パラメータであろう。ただし，複雑な曲線形状をこれらのパラメータだけで完全に特性付けられるとは思えず，むしろディジタル処理によりパラメータ以外の**情報が切り捨てられる**不都合が大きい。パラメータの抽出法は十分吟味して決定すべきである。

　記憶容量が増大すると，曲線を曲線上の点の集合として記録できる。これがディジタル処理の第二段階であり，**図 15.7** はその概念図である。点をとることにより曲線を近似するわけだが，それだけでは意味がなく，より**ふさわしい後処理法**が求められる。しかしながら実際にはそんな後処理法は容易には見つからず，結局上記の如くパラメータを計算することになり，これではディジタル処理のレベルは第一段階に戻ってしまう。

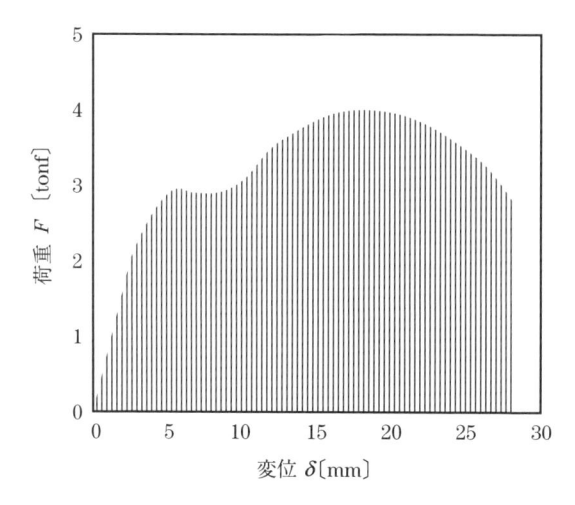

図 15.7 図 15.6 に示す荷重変位曲線のディジタル化表示

秘　話

　昔のアニメーション漫画は，1枚1枚絵を描いてそれを1コマずつ撮影して作っていた。最近はアニメーションにもコンピュータが用いられるようになってきて，1999年時点におけるアニメーション漫画のコンピュータ処理割合は**過半数**となった。コンピュータを用いたアニメーションはディジタル的であり，昔のアニメーションはアナログ的である。

　ディジタル処理されたアニメーションは，ちょっと熟練した者なら見てすぐにわかる。まず画像が粗い。線はさすがに人間が描いているので機械的ではないものの，ペンタッチはあえて均一太さにしているようで，アナログアニメーションに存在する温かみに欠ける。動きも独特である。相似的移動，平行移動，回転移動等の関数的な動きは，1枚の絵だけを用いて動きを付けるディジタル動画の初歩であるが，これらは硬い動きとなり殊に人間の動きとしては不適当な場合が多い。人件費の節約からか，動画の時間的粗さも目立つ。

　アナログとは**素材**に，ディジタルとは**加工**に関する行為となりがちなのか，アナログアニメーション漫画では絵が勝負だったのが，ディジタルアニメーション漫画では絵をいかに動かして見せるかが勝負である。まるでソフトウェアとハードウェアの関係に似ている。なお本書の挿絵は，元々は紙上の着色絵（アナログ的）だったものを，版下作成の都合上わざわざモノトーンEPS形式データ（ディジタル的）にしている。よく見ると輪郭線がぎざぎざなのがわかる。元々アナログ的なので温かみはそのまま残っているが。

10倍拡大図

あなたはどちら派？

15. 視覚のパターン認識効果

演 習

【15.1】 以下の5個の形状は，枠内の形状とどこか違う。どこがどう違うかを，アナログ的に考えよう。これをディジタルで解析する場合には，どんな観点においてどんな判断基準がなければならないかも考えてみよう。

	1)	2)	3)	4)	5)
差異					
観点					
判断基準					

【15.2】 直交座標系に存在する以下のa，b，c 3つの多角形を，ディジタル的に表現したらどうなるかを考えよう。これらは実は見てすぐわかるとおり，多角形aとbを合わせたら四角形cになる。ディジタルでそれが解析しきれるかどうかを考えてみよう。

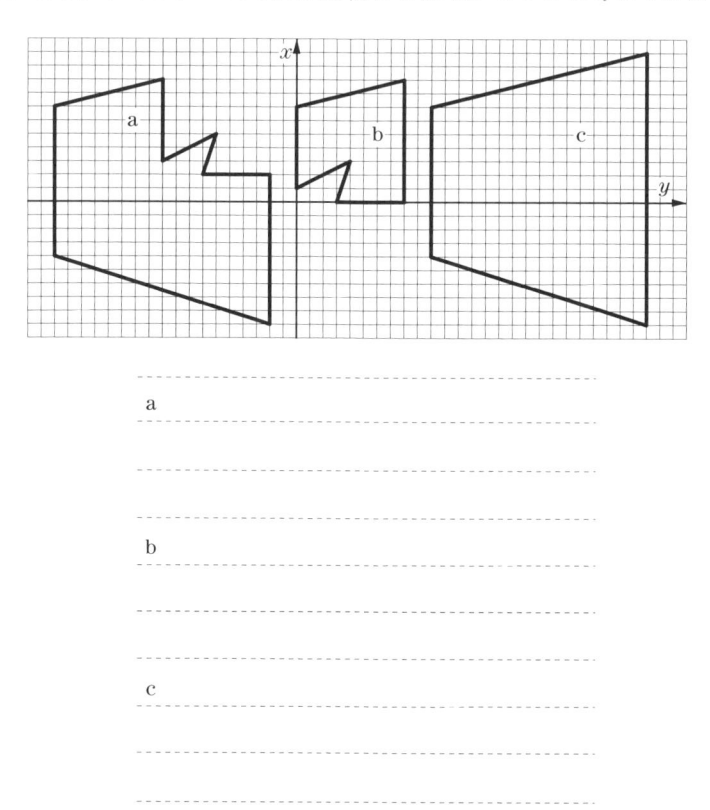

a

b

c

16. 離心率と関連する基本曲線

> ポイント

円，楕円，放物線，双曲線（および二直線）は，**離心率 e** なるパラメータを介して数学的には同種の基本曲線である。これらの基本曲線は，設計図等では直接お目にかからないものの，それらが円錐と密接に関連した形状であり，また数学的にも基本的な関数を表すがゆえに，特徴を知るためにもぜひひとも描画の練習をしておきたい。

本節では，楕円，放物線，双曲線に関して，定義と描画方法を説明する。定義と描画方法は異なる概念であるが，両方共念頭に置かれたい。

> 予備知識

楕円の定義は次式である。この定義の結果，長い半径 a と短い半径 b とを持つ，円を押しつぶした形状を意味する。

$$\left(\frac{x}{a}\right)^2 + \left(\frac{y}{b}\right)^2 = 1 \tag{16.1}$$

図 16.1 に示すとおり，楕円内には周上の任意の点 $X(x, y)$ に対して，以下の式を満たす 2 つの焦点 F_1 および F_2 が存在する。

$$\overline{F_1X} + \overline{F_2X} = 2a \tag{16.2}$$

加えて，一方の焦点 F_1 と，楕円外 F_1 側に位置する直線上に存在する $X(x, y)$ の投影点 P（**図 16.2**）に関して，次式が成立する。

$$\frac{\overline{F_1X}}{\overline{PX}} = \frac{\sqrt{a^2 - b^2}}{a} = e \tag{16.3}$$

このパラメータ e を離心率と称する。楕円の場合，$0 < e < 1$ である。e が **0 に近づくほど円**形状に近づき，**1 に近づくほど放物線**形状に近づく。

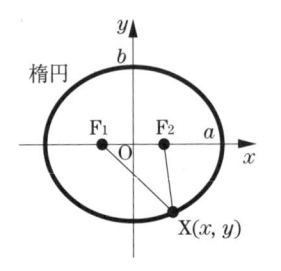

図 16.1　楕円と 2 つの焦点

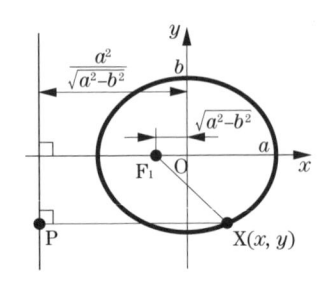

図 16.2　楕円と点 P

16. 離心率と関連する基本曲線

放物線の定義は次式である。この名は，地上から斜め上方に物体を投じた時に物体が描く軌跡がこの式で表現されるために付いた。

$$x = ay^2 \tag{16.4}$$

図 **16.3** に示すとおり，放物線は周上の任意の点 $X(x, y)$ に対して，以下の式を満たす焦点 F_1 と，放物線頂点外側に位置する直線上に存在する $X(x, y)$ の投影点 P に関して，次式を満足する。

$$\overline{F_1 X} = \overline{PX} \tag{16.5}$$

両辺の比が1であるので，**離心率 e が1**であるともいえる。またこの結果，$X(x, y)$ における接線は，角 $\angle F_1 XP$ を二等分する。すなわち三角形合同条件より，接線の x 切片 F_0 は F_1 と P から等距離にある。

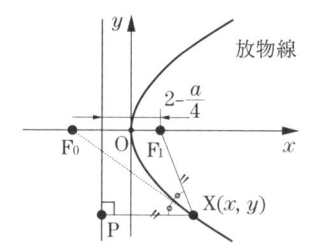

図 **16.3** 放物線と焦点および点 P

双曲線の定義は次式である。この定義の結果，曲線は傾き $\pm b/a$ の直線に漸近する左右対称の形状となる。

$$\left(\frac{x}{a}\right)^2 - \left(\frac{y}{b}\right)^2 = 1 \tag{16.6}$$

図 **16.4** に示すとおり，双曲線外に周上の任意の点 $X(x, y)$ に対して，以下の式を満たす二つの焦点 F_1 および F_2 が存在する。

$$\left| \overline{F_1 X} - \overline{F_2 X} \right| = 2a \tag{16.7}$$

加えて，一方の焦点 F_1 と，双曲線両線間の F_1 寄りに位置する直線上に存在する $X(x, y)$ の投影点 P（図 **16.5**）に関して，次式が成立する。

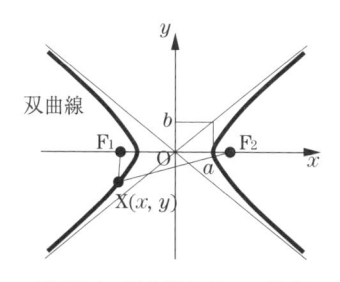

図 **16.4** 双曲線と2つの焦点　　図 **16.5** 双曲線と点 P

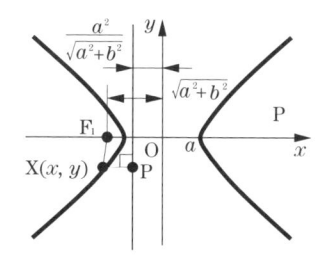

$$\frac{\overline{F_1 X}}{\overline{PX}} = \frac{\sqrt{a^2 + b^2}}{a} = e \tag{16.8}$$

双曲線の場合，$1 < e$ である。e が **1 に近づくほど放物線**形状に近づき，**大きくなるほど二直線**形状に近づく。

| 基　本 |

各基本曲線共，焦点と曲線上の点との位置関係に基づいた作図法（**焦点法**という）により作図可能である。**図 16.6** に楕円の，**図 16.7** に放物線の，**図 16.8** に双曲線の焦点法による作図に必要な道具とやり方を示す。放物線と双曲線の焦点法は煩雑であるので，工学製図には向いていない。作図方法は幾つかあるが，工学製図に通常適用されるのは以下に紹介するものである。

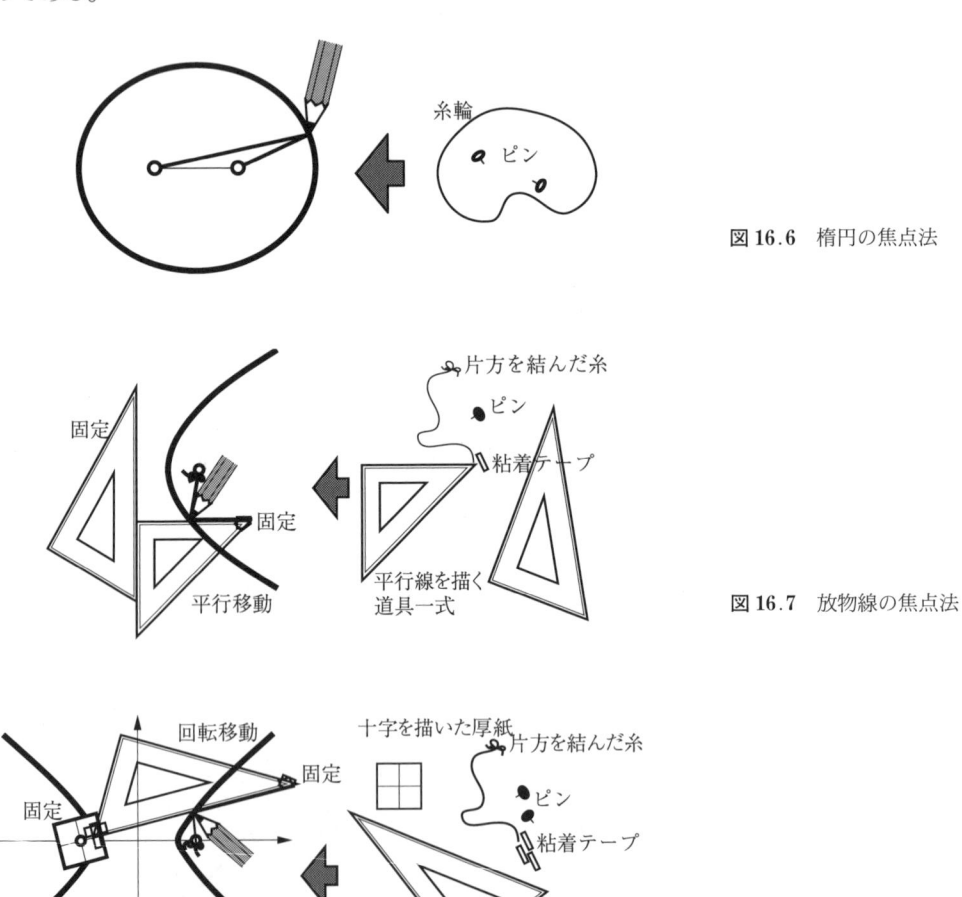

図 16.6　楕円の焦点法

図 16.7　放物線の焦点法

図 16.8　双曲線の焦点法

楕円は，**図 16.9** に示す**副円法**で作図できる。長短両半径にて同心円を描き，中心を通る任意の直線と大円および小円との交点から，それぞれ垂直直線と水平直線を描画する。これらの直線の交点は，楕円周上にある。

放物線は離心率が 1 なので，ピンと糸なしで，コンパスを活用して焦点法により比較的簡便に作図できる。放物線上の頂点以外の一点が明らかな場合には，**図 16.10** に示す**枠組法**も簡便である。すなわちその点から水平線と垂直線を描画し，それぞれ x, y 軸までの距離を等分（何等分でもよいが，それらを同一等分すること）する。水平等分点と頂点間に引いた線分と，垂直等分点から水平に引いた直線との交点は，放物線上にある。

漸近線と双曲線上の一点が明らかな双曲線は，**図 16.11** に示す**漸近線法**により比較的簡便に作図できる。その一点から 2 本の漸近線に平行な直線を引き，原点を通る直線と 2 本の平行線との交点を求め，そこから更に漸近線に平行な直線を引くと交点が双曲線上にある。

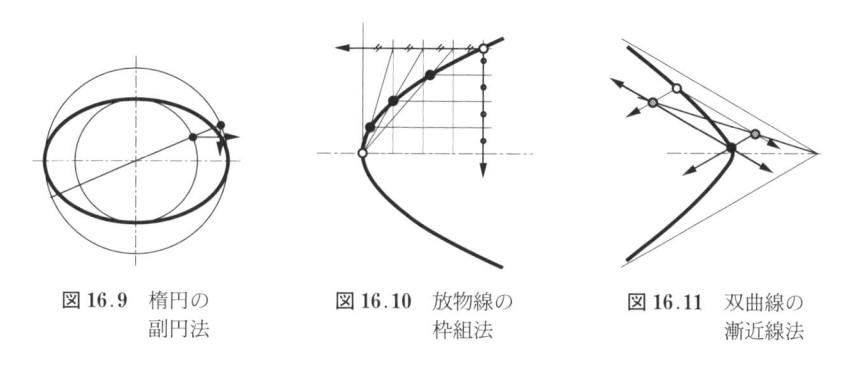

図 16.9　楕円の副円法

図 16.10　放物線の枠組法

図 16.11　双曲線の漸近線法

[体　験]

円錐のケーキがあるとしよう。切り方によって，円，楕円，放物線，双曲線または二直線と，切断面の形が変わる。これに関しては III 章で説明したとおりである。

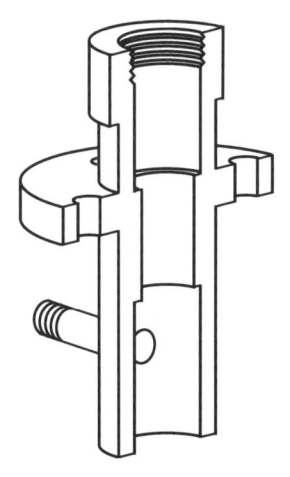

図 16.12　中空部品の縦断面図

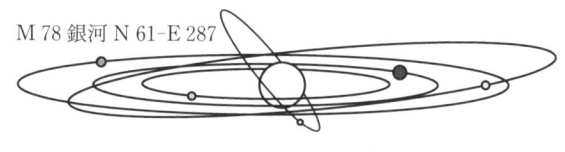

図 16.13　天体運動の模式図

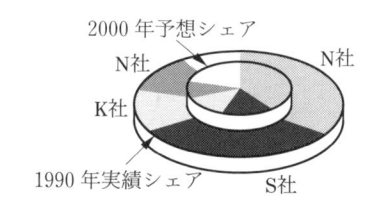

図 16.14　立体円グラフ

IV. グラフの作成と解釈

球，円錐，円柱等の円を基調とした立体形状は多く見られるが，これらに部品を組み入れたり，あるいは部品を二次加工する場合等にこれらの**切断工程**が出現することが多い。切断面はおおむね上記の基本曲線となるので，基本曲線の描画は重要というわけである。

特に重要なのは楕円で，**直線，円および楕円の描画のみ**によって構成されている図面は非常に多い。**図 16.12** から**図 16.14** に，楕円が主体で描画されている製図例を示す。楕円は今やコンピュータ製図により簡単に描画できるので，コンピュータ製図が有効な製図手段になってきたのはうなずける。

| 余　　談 |

たまには諸君が頭を痛くする算数の話もよいだろう。この節で楕円，放物線および双曲線を描く方法を知ったが，もし君が「なぜそう描画すればよいか」と疑問を持ったとしたら相当頭が柔軟だ。疑問を持つことは，それだけ諸君の力を強化する。

〔1〕 楕円の話

まず楕円（**図 16.15**）である。前述の如く，式(16.1)が定義である。

$$\left(\frac{x}{a}\right)^2 + \left(\frac{y}{b}\right)^2 = 1 \tag{16.1}$$

まず楕円に2つの焦点が存在することを示そう。すなわち，なぜ式(16.1)の定義が，2つの焦点の存在につながるのか。2つの焦点があることと式(16.2)が成立することは等価（同じこと）なので，まずこれを仮定する。

$$\overline{F_1X} + \overline{F_2X} = 2a \tag{16.2}$$

$2a$ という定数は，X が x 軸上において式(16.2)が成立する条件による。これを書き直して，下式を得る。

$$\sqrt{(x+m)^2 + y^2} + \sqrt{(x-m)^2 + y^2} = 2a \tag{16.2'}$$

式(16.2)すなわち式(16.2')は，X が y 軸上においても成立すべきなので，$x = 0$, $y = b$ を代入して以下の関係式を得る。

$$\sqrt{(0+m)^2 + b^2} + \sqrt{(0-m)^2 + b^2} = 2\sqrt{m^2 + b^2} = 2a$$

$$a^2 - b^2 = m^2 \quad (\because \ a \geqq 0) \tag{16.9}$$

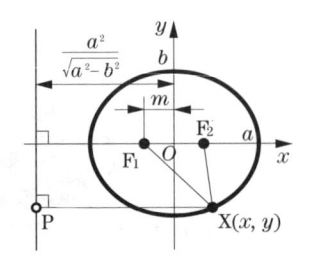

図 16.15　楕　　円

また，式(16.1)は y について解くと次の式(16.1′)の如くなる。

$$y^2 = \left\{1 - \left(\frac{x}{a}\right)^2\right\}b^2 \tag{16.1′}$$

ここで，式(16.1′)，(16.9)を式(16.2′)の左辺に代入すると，結局 X の位置によらず下記の如く右辺と一致する。

$$\begin{aligned}
&\sqrt{(x+m)^2 + y^2} + \sqrt{(x-m)^2 + y^2} \\
&= \sqrt{(x+\sqrt{a^2-b^2})^2 + y^2} + \sqrt{(x-\sqrt{a^2-b^2})^2 + y^2} \\
&= \sqrt{\left[\sqrt{x^2+a^2-b^2+y^2+2\sqrt{a^2-b^2}\,x} + \sqrt{x^2+a^2-b^2+y^2-2\sqrt{a^2-b^2}\,x}\right]^2} \\
&= \sqrt{\left[2(x^2+a^2-b^2+y^2) + 2\sqrt{(x^2+a^2-b^2+y^2)^2 - (2\sqrt{a^2-b^2}\,x)^2}\right]} \\
&= \sqrt{2\left[x^2+a^2-b^2+\left\{1-\left(\frac{x}{a}\right)^2\right\}b^2 + \sqrt{\left[x^2+a^2-b^2+\left\{1-\left(\frac{x}{a}\right)^2\right\}b^2\right]^2 - 4(a^2-b^2)x^2}\right]} \\
&= \sqrt{2\left[\left(\frac{a^2-b^2}{a^2}\right)x^2 + a^2 + \sqrt{\left[\left(\frac{a^2-b^2}{a^2}\right)x^2 + a^2\right]^2 - 4(a^2-b^2)x^2}\right]} \\
&= \sqrt{2\left[\left(\frac{a^2-b^2}{a^2}\right)x^2 + a^2 - \left(\frac{a^2-b^2}{a^2}\right)x^2 + a^2\right]} \quad \left(\because 0 \leq x \leq a\,;\,\left(\frac{a^2-b^2}{a^2}\right)x^2 \leq a^2\right) \\
&= 2a
\end{aligned}$$

したがって，式(16.1)すなわち式(16.1′)と式(16.2)すなわち式(16.2′)は，式(16.9)の楕円に関して等価である。

次に，離心率 e に関する確認を行う。一方の焦点 F_1 と任意の楕円周上の点 X との距離は式(16.10)で表される。

$$\begin{aligned}
\overline{F_1 X} &= \sqrt{(x+m)^2 + y^2} = \sqrt{(x+\sqrt{a^2-b^2})^2 + \left\{1 - \left(\frac{x}{a}\right)^2\right\}b^2} \\
&= \sqrt{\left(\frac{a^2-b^2}{a^2}\right)x^2 + 2\sqrt{a^2-b^2}\,x + a^2} = \frac{\sqrt{a^2-b^2}}{a}x + a \\
&= \frac{\sqrt{a^2-b^2}}{a}\left[x + \frac{a^2}{\sqrt{a^2-b^2}}\right] \\
&= \frac{\sqrt{a^2-b^2}}{a}\overline{PX} \tag{16.10}
\end{aligned}$$

この式により，前述の点 P の位置と離心率 e の値が確認できる。

副円法（図 **16.16**）は，楕円が円を押しつぶした形状であることを利用した，相似則に基づく手法である。式(16.1)を見れば一目瞭然だが，y を a/b 倍したら，式(16.1)は半径 b の円を示す式となる。すなわち，X を小円半径と大円半径の比に従って外側に移動すると大円周上に乗ることを意味する。これを逆に考えると，大円周上の点を大小円半径比で内側

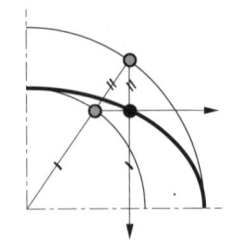

図 16.16　副 円 法

に押しつぶせば，それは求める楕円周上に乗るというわけだ．

〔2〕 放物線の話

放物線（図 16.17）の定義は式(16.11)のとおりである．

$$x = ay^2 \tag{16.11}$$

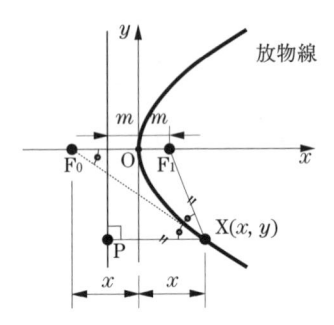

図 16.17　放 物 線

仮に任意の放物線上の点 X について，ある垂直線上の点 P からも焦点 F_1 からも距離が同一であるとすると，以下が成立する．

$$\overline{F_1X} = \overline{PX}$$

$$\overline{F_1X} = \sqrt{(x-m)^2 + y^2}$$

$$= \sqrt{x^2 - 2mx + m^2 + \frac{x}{a}}$$

$$\overline{PX} = m + x = \sqrt{x + 2mx + m}$$

$$\therefore\ 2mx = -2mx + \frac{x}{a}\ ;\ m = \frac{1}{4a} \tag{16.12}$$

したがって，逆に式(16.11)に関して，式(16.12)を満たす焦点 F_1 と垂直線上の点 P は，任意の点 X から距離が同一であることになる．

放物線については，今一つ興味深い事実がある．ある $X(\hat{x}, \hat{y})$ における接線の傾きは式(16.13)であり，その接線の方程式は式(16.14)の如くなる．

$$\frac{d\hat{x}}{dy} = \frac{d(a\hat{y}^2)}{dy} = 2a\hat{y} \tag{16.13}$$

$$x = (2a\hat{y})y + b = (2a\hat{y})y - a\hat{y}^2 \quad (\because\ x = a\hat{y}^2,\ \hat{y} = y\ で成立) \tag{16.14}$$

ここで念の為に注意しておくが，$\hat{y}$ は議論している点 X の座標なる定数であり，接線方程式の変数 y とは異なる。式(16.14)に $y=0$ を代入してこの接線と x 軸との交点 F_0 が求まる。

$$x = (2a\hat{y})0 - a\hat{y}^2 = -a\hat{y}^2 \tag{16.15}$$

すなわち交点 F_0 と点 X は，y 軸から反対方向に同一距離の位置にある。そして点 P の定義から，$\triangle F_0 F_1 X$ および $\triangle F_0 P X$ は合同な二等辺三角形となっていることがわかる。

〔3〕 双曲線の話

楕円の定義式(16.1)における y を yi（i は複素数という $i^2 = -1$ なる便宜上の数だ）に置換することで，式(16.6)の双曲線（**図16**.18）の定義式となる。

$$\left(\frac{x}{a}\right)^2 - \left(\frac{y}{b}\right)^2 = 1 \tag{16.6}$$

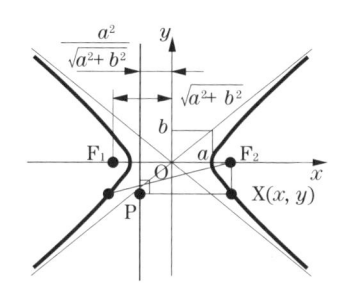

図16.18 双 曲 線

まず双曲線に2つの焦点が存在することを示そう。楕円同様に，式(16.6)の定義は2つの焦点の存在を意味する。2つの焦点があることと，式(16.7)が成立することは等価なので，まずこれを仮定する。

$$|\overline{F_1 X} - \overline{F_2 X}| = 2a \tag{16.7}$$

$2a$ という定数は，X が x 軸上において式(16.7')が成立する条件による。以後，楕円の各式において y を yi に置換して，同様の式を得ていく。

$$|\sqrt{(x+m)^2 + y^2} - \sqrt{(x-m)^2 + y^2}| = 2a \tag{16.7'}$$

$$a^2 + b^2 = m^2 \tag{16.16}$$

$$-y^2 = \left\{1 - \left(\frac{x}{a}\right)^2\right\}b^2 \tag{16.6'}$$

$$|\sqrt{(x+m)^2 + y^2} - \sqrt{(x-m)^2 + y^2}|$$
$$= \sqrt{\left[\sqrt{x^2 + a^2 + b^2 + y^2 + 2\sqrt{a^2+b^2}\,x} - \sqrt{x^2 + a^2 + b^2 + y^2 - 2\sqrt{a^2+b^2}\,x}\right]^2}$$
$$= \sqrt{2\left[\left\{x^2 + a^2 + b^2 - \left\{1 - \left(\frac{x}{a}\right)^2\right\}b^2\right\} - \sqrt{\left[x^2 + a^2 + b^2 - \left\{1 - \left(\frac{x}{a}\right)^2\right\}b^2\right]^2 - 4(a^2+b^2)x^2}\right]}$$

98   IV. グラフの作成と解釈

$$= \sqrt{2\left[\left(\frac{a^2+b^2}{a^2}\right)x^2 + a^2 - \left(\frac{a^2+b^2}{a^2}\right)x^2 + a^2\right]} \quad (\because x \geq a \,;\, \left(\frac{a^2+b^2}{a^2}\right)x^2 \geq a^2)$$

$$= 2a$$

よって，式(16.6)すなわち式(16.6′)と式(16.7)すなわち式(16.7′)の等価性が証明できた。同様に離心率 e に関しては，以下の式が導かれる。

$$\overline{F_1X} = \sqrt{(x-m)^2 + y^2} = \sqrt{(x-\sqrt{a^2+b^2})^2 - \left\{1 - \left(\frac{x}{a}\right)^2\right\}b^2}$$

$$= \frac{\sqrt{a^2+b^2}}{a}\left[x - \frac{a^2}{\sqrt{a^2+b^2}}\right]$$

$$= \frac{\sqrt{a^2+b^2}}{a}\overline{PX} \tag{16.17}$$

諸君がよく知っている双曲線は，次式で定義される曲線（図 **16.19**）だろう。この双曲線は実は特殊な双曲線で，イメージするのが非常に簡単なので学校等でよく取り上げられる。

$$xy = C \tag{16.18}$$

式(16.10)で定義された曲線において，まず $a = b = 1/\sqrt{2}$ としよう。更に，それを**原点を中心にして $-45°$ 回転**させよう。回転に関する逆写像は以下の行列演算により表されるので，式(16.6)の x および y を変換すると，式(16.18)と一致する。

$$\begin{bmatrix} \cos 45 & -\sin 45 \\ \sin 45 & \cos 45 \end{bmatrix}^{-1} \begin{bmatrix} x \\ y \end{bmatrix} = \begin{bmatrix} \cos -45 & -\sin -45 \\ \sin -45 & \cos -45 \end{bmatrix}^{-1} \begin{bmatrix} x \\ y \end{bmatrix} = \begin{bmatrix} \dfrac{x}{\sqrt{2}} + \dfrac{y}{\sqrt{2}} \\ \dfrac{-x}{\sqrt{2}} + \dfrac{y}{\sqrt{2}} \end{bmatrix}$$

$$\frac{(x/\sqrt{2} + y/\sqrt{2})^2}{2} - \frac{(-x/\sqrt{2} + y/\sqrt{2})^2}{2} = xy = 1 \tag{16.19}$$

漸近線法（図 **16.20**）は幾何学的には理解し難いが，式を追跡するとそれとわかる。ここでは第一象限について，帰納的な証明をする。すなわち，頂点 $(a, 0)$ から同方法を用いて

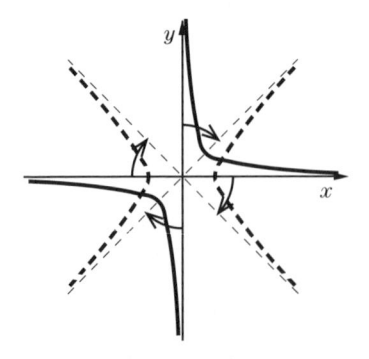

図 **16.19** 回転して得られる特殊な双曲線

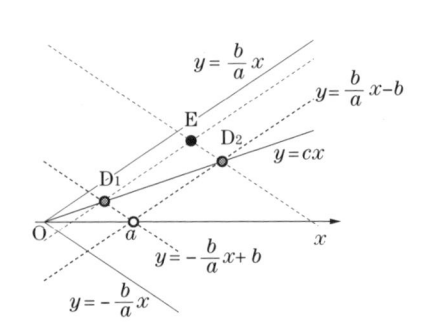

図 **16.20** 漸 近 線 法

双曲線が描ければ，双曲線上のどの点からも同方法で頂点を描けるので，結果的に双曲線上のどの点においても同方法にて双曲線が描画可能となる。

原点を通る任意の直線と漸近線は，以下の式で表される。

$$y = cx \tag{16.20}$$

$$\begin{cases} y = \dfrac{b}{a}x \\ y = -\dfrac{b}{a}x \end{cases} \tag{16.21}$$

頂点を通り両漸近線に平行な直線は，傾きが同じで頂点座標が成立する直線なので，下記のとおりとなる。

$$\begin{cases} y = \dfrac{b}{a}x - b \\ y = -\dfrac{b}{a}x + b \end{cases} \tag{16.22}$$

したがって，式(16.22)の各直線と式(16.20)の直線との交点 D_1，D_2 が以下のとおり計算される。

$$\begin{cases} cx = \dfrac{b}{a}x - b\,;\,(b-ac)x = ab\,;\,x = \dfrac{ab}{b-ac},\ y = \dfrac{abc}{b-ac} \\ cx = -\dfrac{b}{a}x + b\,;\,(b+ac)x = ab\,;\,x = \dfrac{ab}{b+ac},\ y = \dfrac{abc}{b+ac} \end{cases} \tag{16.23}$$

漸近線法で求められる点 E は，平行線と三角形の合同則から，その x 座標が D_1，D_2 の x 座標の和より a 小さい値で，その y 座標が D_1，D_2 の y 座標の和に等しい。すなわち，点 E の座標は以下のとおりである。

$$\begin{cases} E_x = \dfrac{ab}{b-ac} + \dfrac{ab}{b+ac} - a = \dfrac{a(b^2 + a^2c^2)}{b^2 - a^2c^2} \\ E_y = \dfrac{abc}{b-ac} + \dfrac{abc}{b+ac} = 2\dfrac{ab^2c}{b^2 - a^2c^2} \end{cases} \tag{16.24}$$

式(16.20)を c で解いて E_x と E_y との関係式(16.21)が得られる。この関係式は双曲線の定義式にほかならない。

$$c^2 = \dfrac{b^2(E_x - a)}{a^2(E_x + a)}$$

$$E_y = 2\dfrac{ab^2}{\left\{b^2 - a^2\dfrac{b^2(E_x - a)}{a^2(E_x + a)}\right\}}\sqrt{\dfrac{b^2(E_x - a)}{a^2(E_x + a)}}$$

$$= \dfrac{2ab^2(E_x + a)}{(E_x + a)b^2 - b^2(E_x - a)} \cdot \dfrac{b}{a}\sqrt{\dfrac{E_x - a}{E_x + a}} = \dfrac{2b(E_x + a)}{2a}\sqrt{\dfrac{E_x - a}{E_x + a}}$$

$$= \dfrac{b}{a}\sqrt{E_x^2 - a^2} \tag{16.25}$$

IV. グラフの作成と解釈

[演　習]

【16.1】 楕円，放物線，双曲線を，それぞれ指定された方法で描画しなさい。補助線や補助点は細線で，曲線は太線でフリーハンドで描画しなさい。

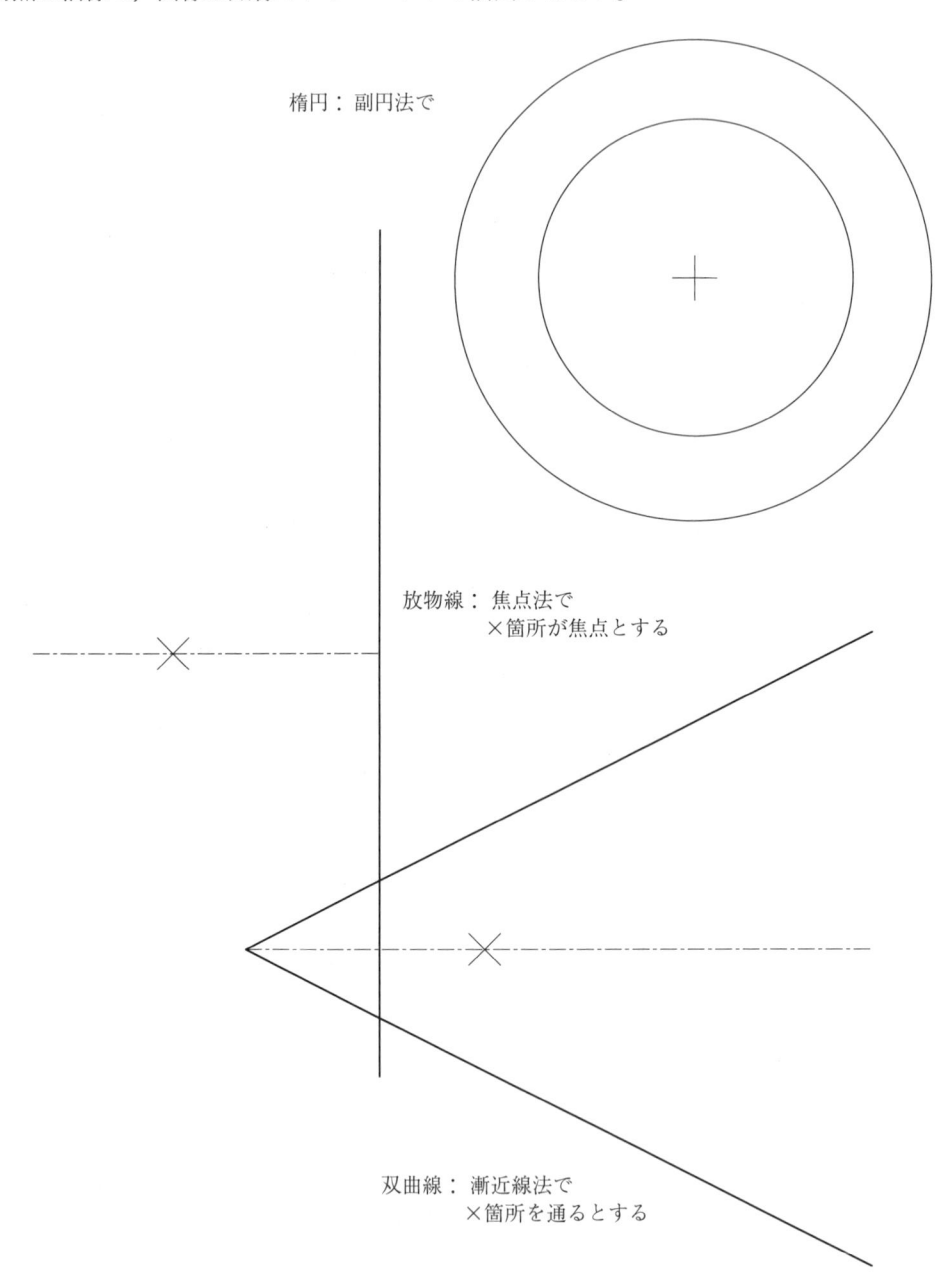

楕円：副円法で

放物線：焦点法で
　　　×箇所が焦点とする

双曲線：漸近線法で
　　　×箇所を通るとする

17. 物理現象を記述する曲線

> **ポイント**

　前節の曲線以外に，**正弦曲線，正規分布曲線，指数関数曲線，対数関数曲線，半減関数曲線，三次曲線**は，工学的に様々な**現象を表現する**のに用いられる（逆に，様々な現象を表現するとこれらの曲線になってしまう，というべきであろう）。これらの曲線は，製図としてはほとんど意味がないが，一方で工学現象の調査研究においては頻繁に登場する。

　本節では，**点の内挿**（19節で説明する補間の最も単純な種類）を通して，これらの曲線を描画する練習を行う。曲線を見たら，それがどの曲線であるかが即刻理解できるようになったらしめたものである。

> **予備知識**

　本節では，グラフは二次元とし，曲線は縦軸に示される y が横軸に示される x の関係であるとする。上記の曲線を以下に定義し，それを図示する。図 **17.1** は $y = \sin(x\pi)$ で表される正弦曲線，図 **17.2** は $dy/dx = -2y$ で表される半減崩壊曲線，図 **17.3** は $dy/dx = 4\exp[-(x-1)^2/2]$ で表される正規分布曲線（二曲線あるのは，分布および分布の累積曲線である），図 **17.4** は $y = e^x$ で表される指数関数曲線，図 **17.5** は $y = x(x-1)(x+2)$ で表される三次曲線，図 **17.6** は $y = \log x$ で表される対数関数曲線である。

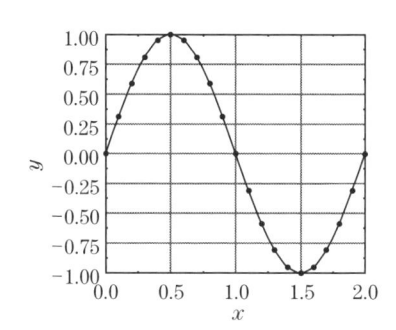

図 **17.1** $y = \sin x\pi$ で示される正弦曲線

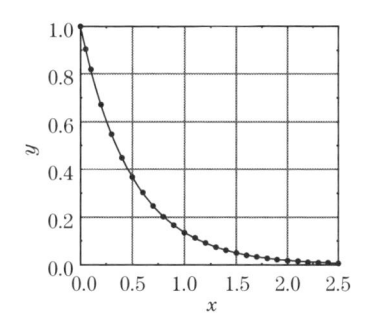

図 **17.2** $dy/dx = -2y$ で示される半減崩壊曲線

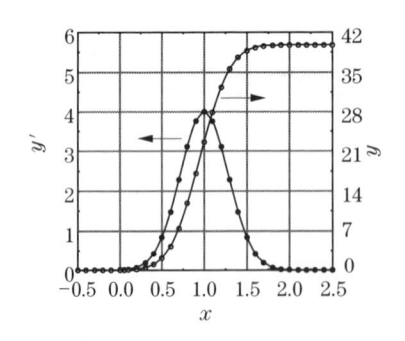

図 17.3 $dy/dx = 4\exp[-(x-1)^2/2]$ で示される正規分布曲線

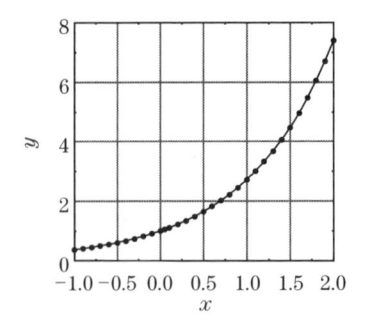

図 17.4 $y = e^x$ で示される指数曲線

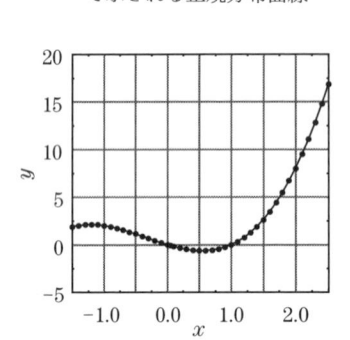

図 17.5 $y = x(x-1)(x+2)$ で示される三次曲線

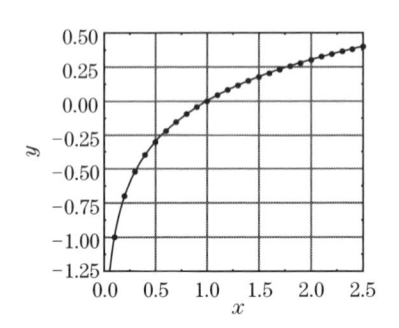

図 17.6 $y = \log x$ で示される対数曲線

| 基　本 |

　これらの曲線に適合する定規はないので，フリーハンドで描画するか，または曲線定規を駆使して描画する．フリーハンド描画の際には，なるべく多くのデータがあった方が正確にできる．曲線定規を用いる場合には曲線は近似になるので，過剰にデータ点があるとかえって描画曲線との乖離が生じて煩わしい．

　これらの曲線は，**多くの物理現象を記述する**ものである．したがって理工学分野では，これらの曲線は頻繁に登場する．また複雑な物理現象は複数の現象の**同時発生**であることが多く，これらの曲線の**線形和**が重要となる場合も多い．例えば**図 17.7** は，クリープ現象における歪の時間依存性を示す．クリープ破損は，**加工硬化**（材料が変形して塑性化＝硬化する現象）を表現した第一項と，**微小亀裂による弱化**（材料に穴が空き，それが広がることにより弱くなる現象）を表現した第二項との和により定式化される．いずれも指数曲線であり，和曲線は三次曲線の如く特徴ある形状となる．また**図 17.8** は，周辺拘束条件下の湾曲座屈現象における軸荷重と座屈モード数との関係を示す．地中を水平に掘孔するドリル軸の座屈は，**軸力により座屈する**ことを示す第一項（軸力項）と，**重力により拘束されて座屈し**

17. 物理現象を記述する曲線　　103

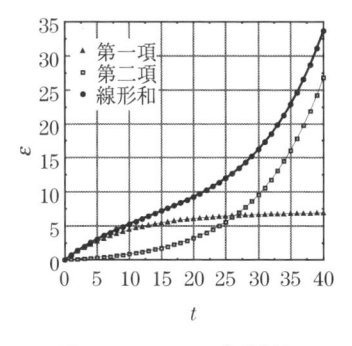

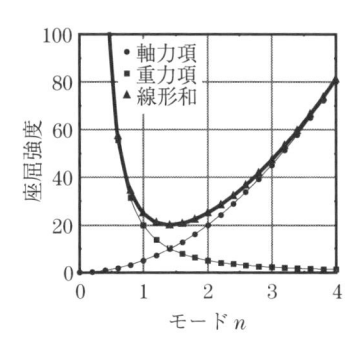

図 17.7　クリープ歪曲線　　図 17.8　ドリル軸湾曲座屈曲線

難くなり見かけの座屈耐力が上昇することを表現する第二項（重力項）との和により定式化される．前者は二次曲線，後者は逆二次曲線であり，和曲線は四次曲線となる．

104　IV．グラフの作成と解釈

演習

【17.1】 上段の2つのグラフは何曲線であるかをいいなさい。また上下段の4つのグラフ内に曲線を描画しなさい。下段の2つのグラフは，データ点が誤差を含んでばらついている。

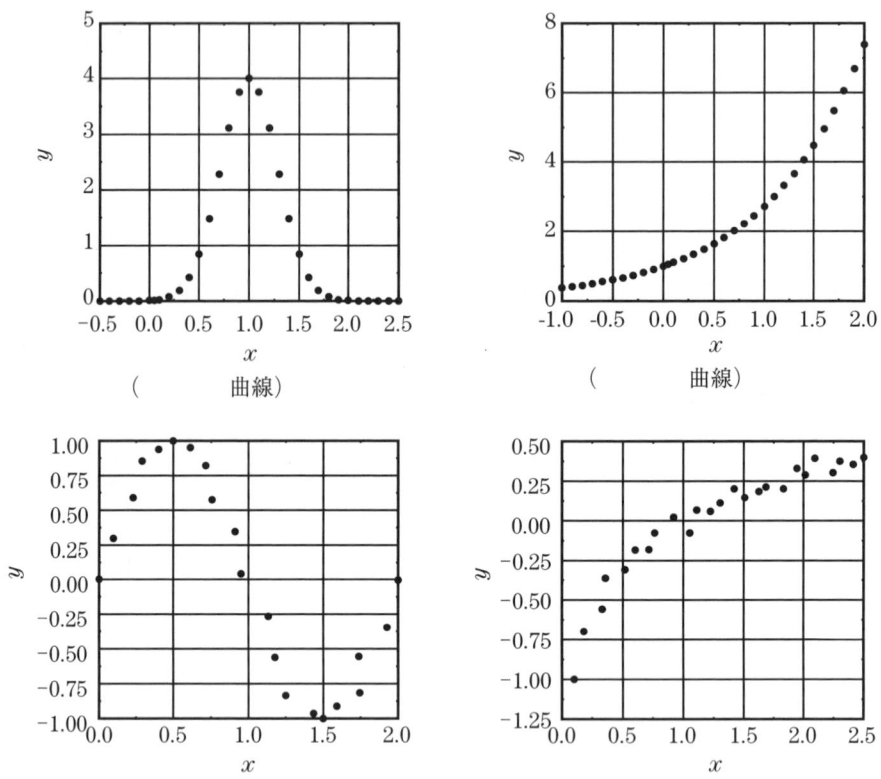

（　　　曲線）　　　　　　　（　　　曲線）

【17.2】 左のデータ点をプロットし，しかる後に曲線を描画して仕上げなさい。また右のグラフに描画されている二曲線の和（y軸に関する）たる新しい曲線を，データ点を描画せずに描画しなさい。

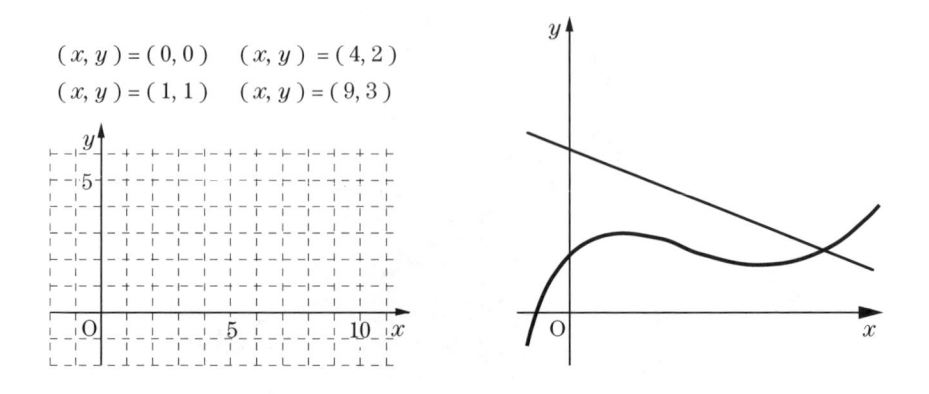

$(x, y) = (0, 0)$　　$(x, y) = (4, 2)$
$(x, y) = (1, 1)$　　$(x, y) = (9, 3)$

18. グラフの分類と特性

ポイント

グラフは，線の形状や密度で情報を示す**線グラフ**と，面の大きさや位置で情報を示す**面グラフ**に大別できる。前者は定量的で後者は定性的ともいえるが，いずれのグラフも視覚直感的である。グラフに示されている**情報が何か**と，それをどういった**観点**で説明（比較）しているかを理解することが重要である。

線グラフは，座標に関しては直交二次元座標グラフ（または直交三次元座標グラフ）と円座標グラフ（または円筒座標グラフ）に，表示する線に関しては尾根線グラフと等高線グラフに大きく分類される。一方面グラフはむしろ自由に描画されるもので，線グラフのように厳密な分類はできない。一般に工学で用いるグラフは，**直交二次元座標尾根線グラフ**である。

基本—その1：線グラフ

尾根線グラフは，示すべき情報をその**形状**（角や頂点の位置）でもって示す。尾根線グラフは本質的には，ある関数を二次元的に表現したものと考えてよい。

図 18.1 は運動を持続することにより，体脂肪率が減少していく履歴を記録したグラフである。時間が変数で，体脂肪率が時間の一変数関数である。工学分野における一変数関数のグラフの多くは，**水平横軸に変数**を，**垂直縦軸に関数値**をとった直交二次元座標尾根線グラフである。

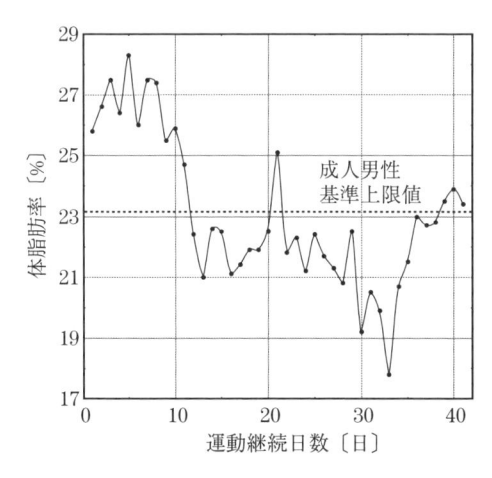

図 18.1　二次元直交座標尾根線グラフの一例 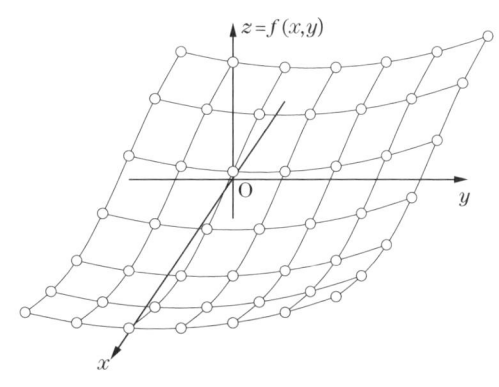　　図 18.2　三次元直交座標尾根線グラフの一例

二変数関数のグラフ表示は，**図18.2**のように各変数をx軸およびy軸と対応させる。3以上の変数を持つ関数は，残念ながら二次元の紙の上には描画できない。

図18.3は，電縫鋼管にある外力がかかったときに発生する面応力の周方向分布である。鋼管の周上位置が変数で，応力値が周上位置の一変数関数である。周は**巡回的**（すなわち角度や季節のように端値が存在しない）であるので，このグラフは直行座標ではなく円座標の尾根線グラフとなる。応力値は径軸に対応し，指標値である材質降伏応力YSと破断強度TSは，ある半径の円となる。

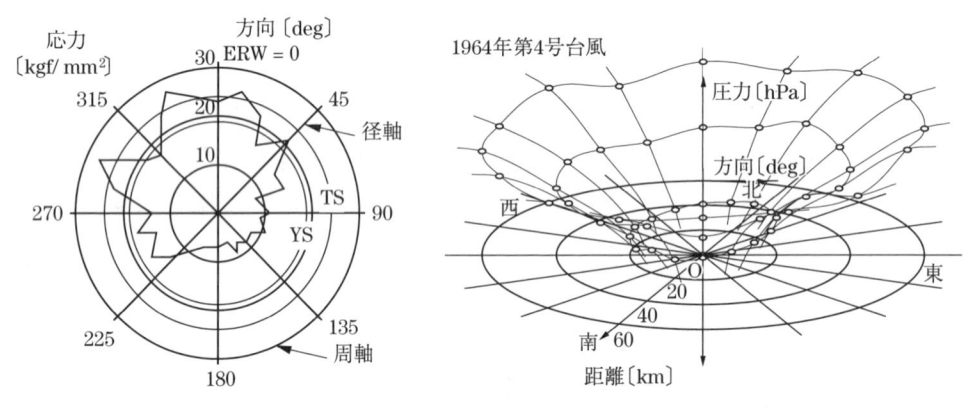

図18.3 円座標尾根線グラフの一例　　　**図18.4** 円筒座標尾根線グラフの一例

図18.4は，台風による地上気圧分布を示す。変数は地上の位置で二次元座標を要するが，例えば原点を台風の目としてそこからの方向と距離を変数とした場合，このように円筒座標の尾根線グラフとなる。気圧は軸方向に対応する。

以上のとおり尾根線グラフでは線は「**現象発生点**」を示すが，一方等高線グラフでは線は「**現象変化境界線**」を示す。形状と**密度**が重要な情報源である。等高線グラフの典型例は，もちろん地図における等高線（contour line）である。また気圧配置図，桜開花曲線等，地理に関するグラフは等高線グラフが多い。**図18.5**は，上空気温に関する等温線である。また工学グラフでも，応力コンタ図（**図18.6**）や等温線等，等高線グラフは多く利用されている。なお等高線グラフも，尾根線グラフ同様座標系に関する分類が可能である。

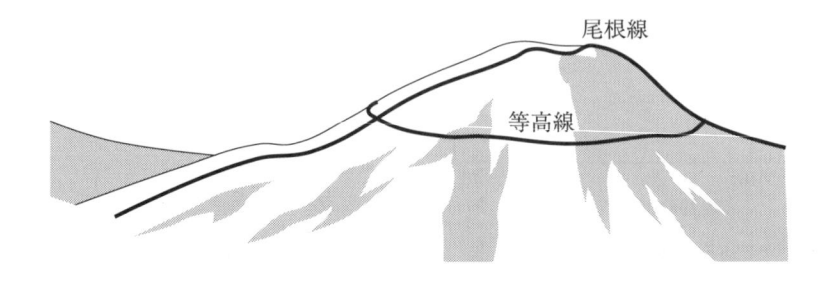

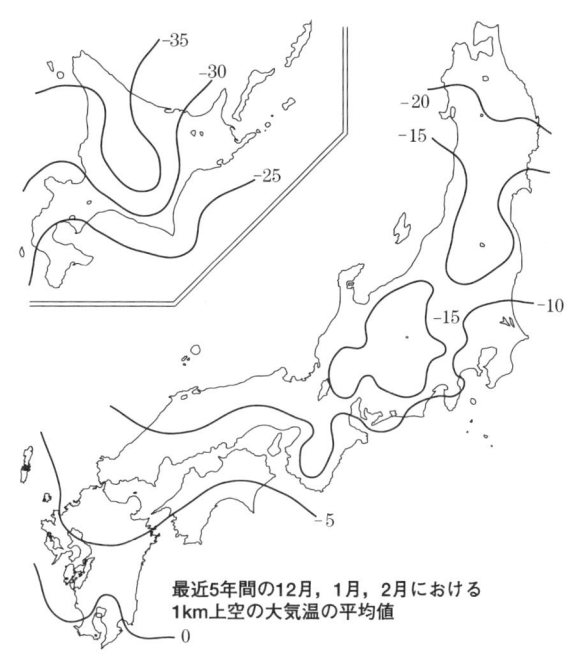

図 18.5 等高線グラフの一例である上空等温線分布図

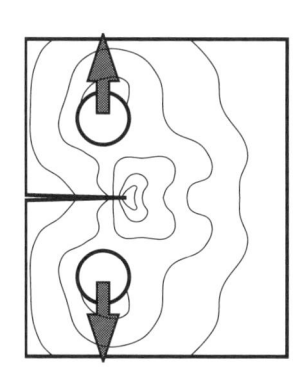

図 18.6 等高線グラフの一例である CTOD 試験応力分布図

基 本 —その 2：面グラフ

面グラフの代表は，比率グラフと積層グラフである．図 18.7 および図 18.8 は比率グラフの例で，それぞれ円グラフと柱グラフである．また図 18.9 は積層グラフである．いずれもある項目に対して，それぞれ全体において占める割合を面積比で示す．図 18.9 に示す積層グラフは一見，尾根線グラフとよく似ているが，全体量と共に 2 つの各項目量の割合も面積でわかるようになっており，線の形状等ではなく面の大きさがより重要な情報を持っている．面グラフはこのように，大きさや位置（散在状態）が重要となる．

108   IV. グラフの作成と解釈

図18.7 比率グラフの1つである円グラフの例

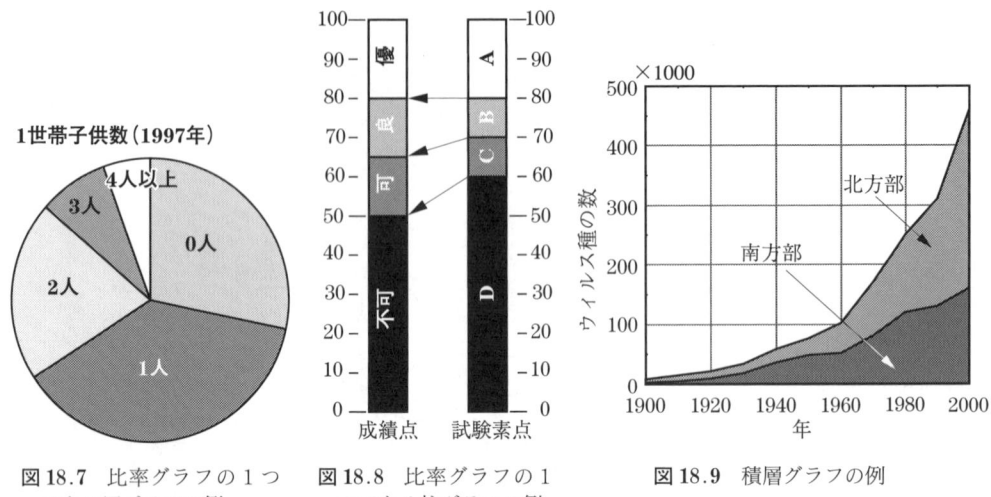

図18.8 比率グラフの1つである柱グラフの例

図18.9 積層グラフの例

図 18.10 は**棒グラフ**であり，これも尾根線グラフと似ているが，位置よりも面積比較により情報を得ることを主目的としている面グラフである。このように面グラフの特徴は，調査項目に関して全体観を一見で得られるよう描画されることである。それゆえ面グラフでは，表示面積をふんだんに使用して**少量の情報を見やすく表示**しており，着目する項目（変数）は通常1，多くても2または3が限度である。この意味では，図18.10の棒グラフもそうであるが，数値を形状や面積などに置き換えることができれば，線グラフを面グラフに変換することは可能となる。面グラフと線グラフとの違いは，思想的なものが本質にある。

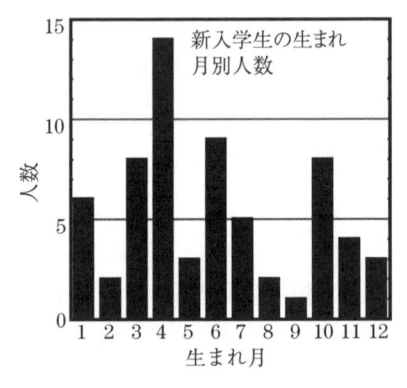

図 18.10 棒グラフの一例

18. グラフの分類と特性

演習

【18.1】 次のグラフは，線グラフと面グラフのどちらだろうか。議論してみよう。
(1) 鉄-炭素合金状態図　(2) 性格診断票　(3) 光色混合則図
(4) 南関東地方果物生産状況図　(5) 冷間引抜鋼材強度図

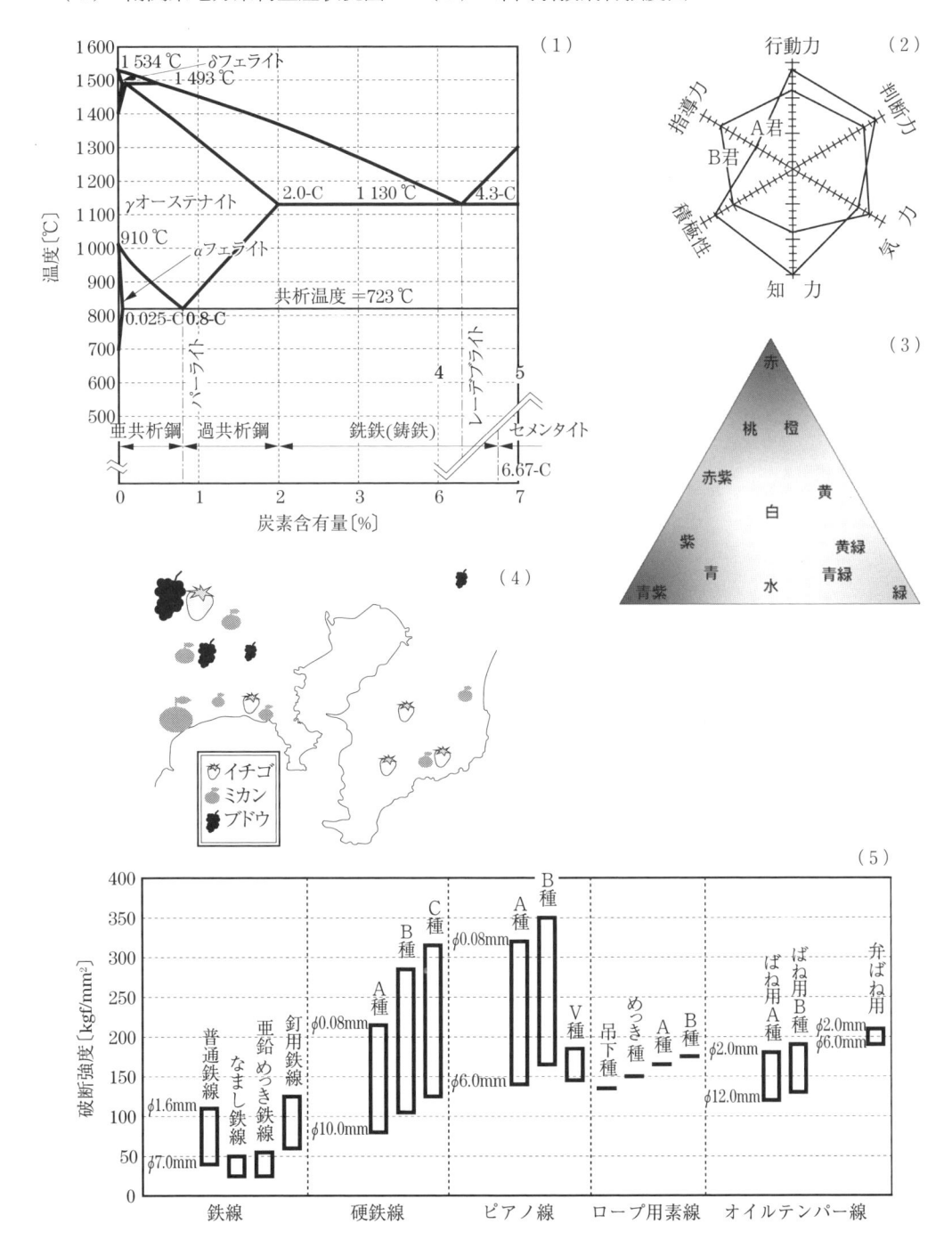

IV． グラフの作成と解釈

【18.2】 次の情報の一部または全部を，線グラフと面グラフで表示しなさい。

2000年〇×県交通事故状況報告

	東部		西部	
	死亡者数	負傷者数	死亡者数	負傷者数
1月	4人	13人	7人	18人
2月	2	11	6	15
3月	7	30	19	29
4月	9	54	22	34
5月	7	41	27	77
6月	2	31	11	56
7月	5	18	9	44
8月	9	27	16	38
9月	11	29	22	50
10月	10	17	18	43
11月	6	14	12	44
12月	18	37	20	73
合計	91	322	189	521
月平均	7.58	26.8	15.8	43.4

19. 分類と補間

> **ポイント**

グラフ上に散在するデータ点に関して，それらの**関連性を特徴付ける**作業が往々にして重要となる。具体的な作業内容は，**分類（グルーピング）**と**補間**である。前者は存在するデータを複数の群（グループ）として区別して考察の際に混同しないようにすることを目的とし，後者はデータとして存在しない箇所の推論をすることを目的とする。

これらの作業では，データによっては工学的理論や統計的解析が必要となることもあるが，それよりも一般的には**工学的**および**幾何学的センス**が重要である。本節では分類と補間について，意味を考えながら手法を練習しよう。

> **基　本**

分類では，異種データ間に存在する**境界を見定める**。同種のデータは，データどうしの位置が近いか，またはある同じ規則（傾向）に従う。同種データにもかかわらず，それらが近くでもなければ同じ規則にも従っていないグラフは，適切でない。わかりやすくグラフを描き直して同種であることが明確になるようにすべきである。**図 19.1** は座標（分布）に関して，**図 19.2** は規則性に関してグルーピングした例である。

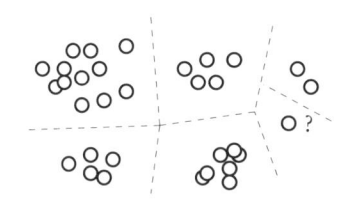

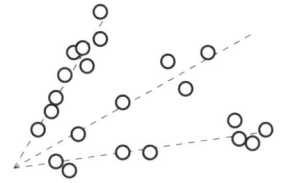

図 19.1　座標（分布）に関して　　　図 19.2　規則性に関してグ
　　　　グルーピングできる例　　　　　　　　ルーピングできる例

補間は，存在するデータをもとに，現在**得られていないデータの存在確率**を分布あるいは規則性として表現することである。分布としては正規分布を知っていれば十分であるし，規則性としては直線，二次曲線のほかに，前述の基本関数および指数，対数，三角関数程度を念頭に置いておけば十分であろう。**図 19.3** は楕円形状で分布確率の等高線を，**図 19.4** は線形の規則性による補間線を描画した例である。

なお，グルーピングする際には当然データのない部分を予測すべきだし，補間する際にはそれらデータを同じグループであることを期待しながら行う。すなわち，グルーピングと補間は独立した行為ではなく，互いに別の観点から**本質的には同じこと**をしているのである。

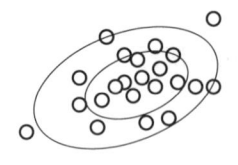

図 19.3 分布確率の等高線を補間した例

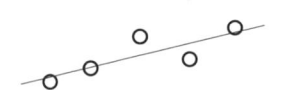

図 19.4 線形の規則性で補間した例

図 19.5 は，グルーピングと補間の両方を行った例である．分類と補間が行われれば，大抵のデータは内容がはっきりする．諸君は，得られたデータをそれだけで考えずに，ぜひとも分類（もちろん1種類のデータしか存在しない場合もある）と補間（これは絶対実行してほしい）をするよう心がけられたい．

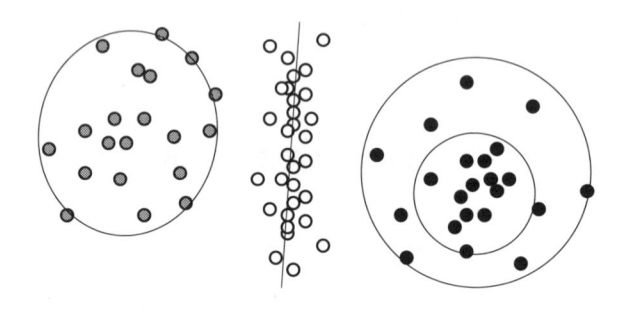

図 19.5 3つにグルーピングされ，かつ各グループ内で補間された例

[体　験]

以下に，分類または補間がなされた種々のグラフを例示する．グラフの描画に**本来規則はない**ので，諸君も自由な発想で考えてほしい．

図 19.6 は2つの観点で分類されるマーキングの例である．同一材料はマークの形状が同一であり，同一強度はマークの色が同一であるというように，各観点ごとに同一グループは

図 19.6 2つの観点で分類されるマーキング例

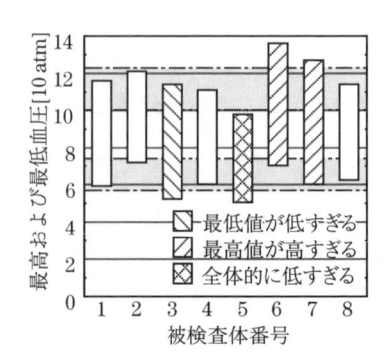

図 19.7 複数の被検査体の血圧測定図

同一の特性を持つマークとなっている。図 **19**.7 は血圧の被検査体間のばらつきを示した例であり，データの半数が異常であり，その異常の種類を模様分けしてある。図 **19**.8 は疲労寿命限界曲線であり，3 種類の材料についてデータを整理している。図 **19**.9 は周辺拘束条件下の座屈曲線であり，自然界で幾つも存在する梁座屈形態のうちの 2 つである湾曲座屈とらせん座屈について，荷重とモードの関係を示している。なおこの例では同一モードでより小さい座屈荷重である方の形態が実際には発生し，それを補間すると途中で形態が変化，すなわち**グループをまたがって補間**する面白い例である。図 **19**.10 は中空構造部材の曲げ限界曲線であり，断面形状の差異により破損限界荷重と破損形態が変化する様を示している。

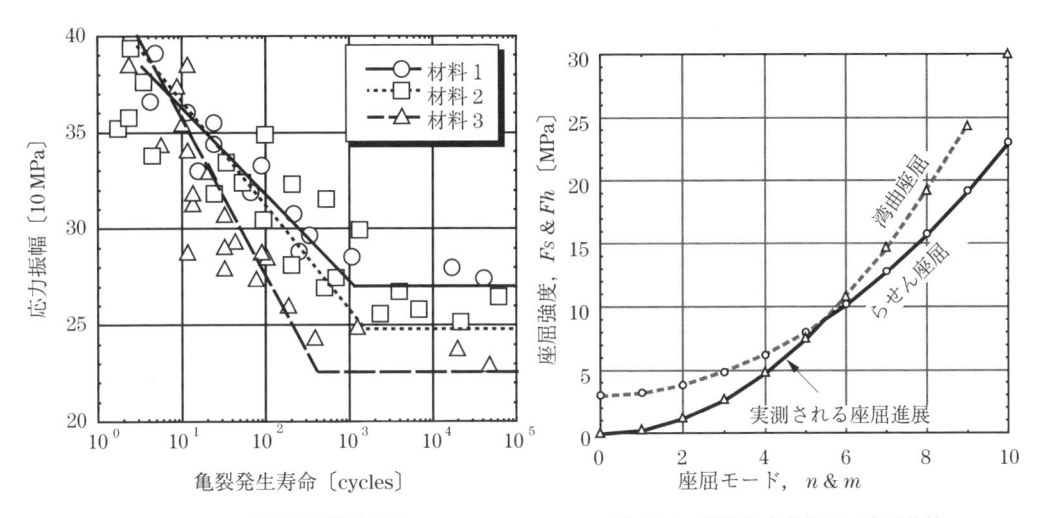

図 **19**.8　疲労寿命限界曲線

図 **19**.9　周辺拘束条件下の座屈曲線

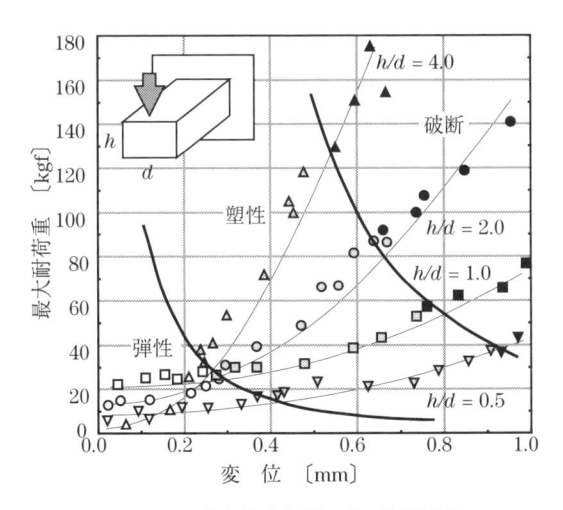

図 **19**.10　中空構造部材の曲げ限界曲線

発 展

　同一グラフ上に複数種類のデータが混在する場合に，それらのデータに関する分類と補間を明確にする必要がある。この場合，データや補間線を何種類か**描き分ける**必要が生じる。

　データ点の描き分けは，例えばマークの外形，大きさおよび色（模様）を変化させることによりなす。マークは大抵の場合見やすいように大きめに描くので，外形が同じでもその中に異なる形状のマークを二重に描くこと（模様の一種とも考えられる）により，より詳細な描き分けも可能である。

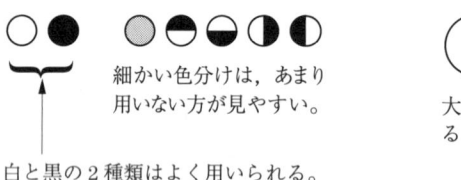

細かい色分けは，あまり用いない方が見やすい。
白と黒の2種類はよく用いられる。

大きさの違いは，一見でわかるようにすべきである。

　外形の違いは大きなイメージの違いを導くので，データの種類が根本的に異なる場合にその種類を描き分ける際に用いる。もちろんただの数種類しかデータがない場合には外形の異なるマークをまず用いるべきである。**色の違い**や**大きさの違い**は，根本的な違いではない（あるいは基本的には同一の種類である）が，若干詳細に異なることをイメージさせる。**二重マーク**は，色や大きさほどではないが，外形が同じマークどうしではやはり小さい差異しかイメージさせない。したがって，似た種類どうしに用いる等の工夫が有効となる。

円外形基調の二重マークの例。データの説明の便宜上，数字や英字を入れることが有効となる場合もある。一方で，これらを同時に多用すると，一目での見分けは困難となる可能性が大きくなる。

よく用いる異なる外形のマーク例。複雑な形よりも単純な形の方がよい。あまり多種類使用すると，マークとデータ内容との対応関係を把握しずらくなるので，せいぜい7種類が上限であろう。

　データ点と共に補間線を用いる場合には，必ずしも補間線まで描き分ける必要はない。しかしそれでもなおグループの違いを強調したり，データ点が描かれない場合には，同様に補間線の描き分けが必要である。ただし一般図面とは異なり，線の描き分けは**そうそうできな**

誤解を生じやすい似た線は，グラフでは避けるべきである。
白黒描画においては，上記の9種類が使用限界であろう。

いと考えた方がよい。グラフは全体の美観よりも情報の正確かつ迅速な伝達に比重が置かれている図面であり，誤解や誤認を招きやすい線は避けるべきである。

データ点と補間線が存在する場合には，それらのどちらがより重要であるかを考え，データ点がより重要であれば補間線は目立たないように，補間線が重要な場合には補間線を強調して描く。強調は，1節に記載のとおり，線を太くすることにより可能である。

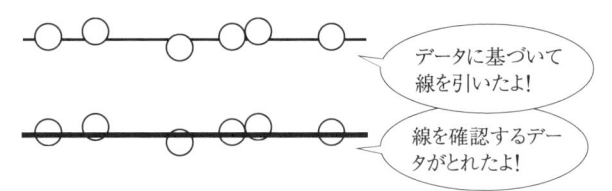

どちらを上に描くかによっても，データ点と補間線のいずれが重要かは表現可能である。

秘　話

データ点が与えられ補間しなければならない時，例えば図 **19.11** のように補間線が直線ともとれるし，二次曲線ともとれる場合がある。データがこうなるはずだとわかっていればともかく，そうでなければどちらを選ぶかはグラフ描画者にゆだねられる。厳密には統計学を駆使して，より確率の高い方を選ぶことになるが，通常データ誤差が存在するので厳密に考えたところで必ずしも正確とはいえない。

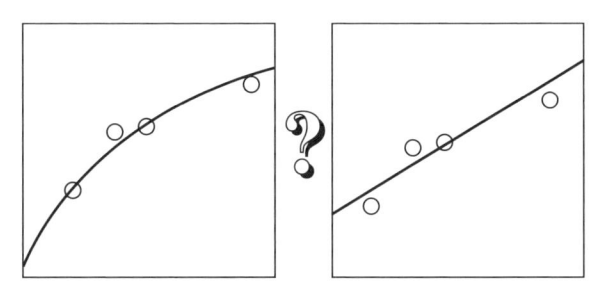

図 **19.11**　規則性が線形と二次のいずれにもとれるデータ例

どちらともとれるデータに対する対策は，以下のとおりである。

（1）　**直感**で描く。
（2）　**論旨**の中で，そうなってほしい方を選ぶ。
（3）　二つの可能性を挙げ，**両方について検討**する。
（4）　より明確な判断基準が得られるまで，**データを増やす**。

時間がある場合や解釈ミスが絶対に許されない場合には，必然的に(4)を選択せざるをえない。しかし実際には，実験データですら経済的または物理的に実行が容易ならざる場合が

多いし，過去に起こった特殊なデータ（例えば地震，歴史的事件等）に関してはもちろん再現不能である。これらの場合には(3)を選択することになる。ただし問題によっては直線か二次曲線かのような単純な二者択一とはならず，多くの可能性を議論しなければならない。一方，実際の現象はより単純に考えた方が誤差が小さくなることも多い。そのため，可能性をすべて拾い上げるよりは，むしろ(1)を選択する方が賢明である。

　なお，社会で得てしてそうであるように，いずれの結論も**大差がないか**あるいは**容認され得るもの**であることも工学分野であり得る。この場合は当然自分の論旨に有利なように解釈すべきであり，すなわち(2)を選択することが必然である。一見，無茶でわがままにも感じられるが，実はプレゼンテーションとはそういうものであり，その究極の例が裁判における黙秘権（自分に不利なことはいわなくてよい権利）である。

19. 分類と補間   117

演習

【19.1】 以下のデータを，指示に従って補間またはグルーピングしなさい．描画に用いる線の種類は，指定しないものについては各自で判断すること．

直線で補間（一次の規則性を設ける）

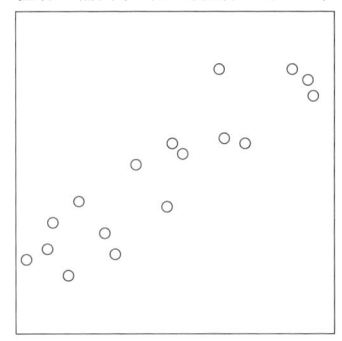

滑らかな曲線で補間（円滑化）

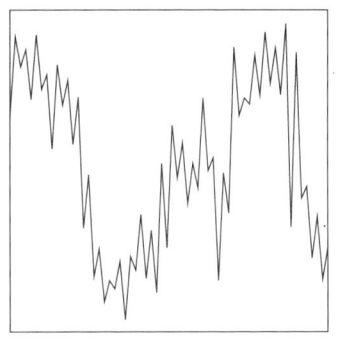

境界線を2箇所に設定（平均的強調）

等高線で補間

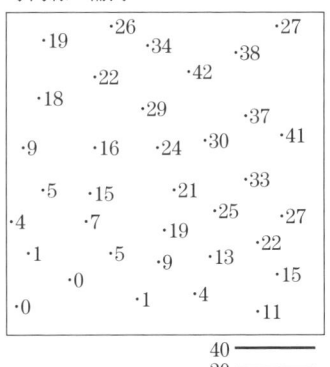

3グループの外境線を設ける

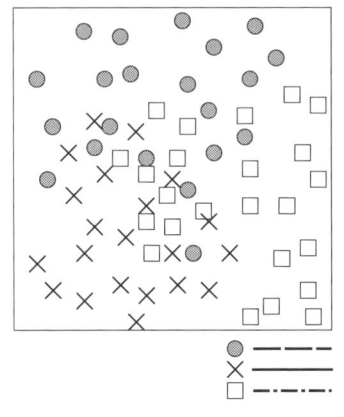

平均の上下端位置に破線を設ける

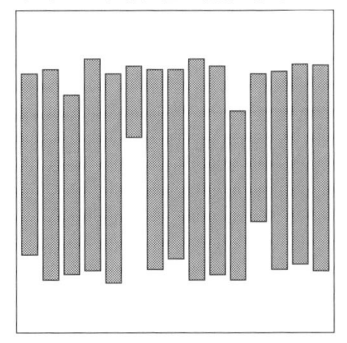

課題 IV

データに基づいてグラフを作成し，データから推測できることを考察しなさい。それを下記の完成イメージを参考にして，1枚のパネルとして完成させなさい。

データ 年代	一藤市	二高市	三成市	四谷市
1900	54	72	14	40
1910	45	70	25	43
1920	30	68	42	41
1930	32	60	48	33
1940	27	57	56	30
1950	25	54	61	32
1960	24	51	65	40
1970	28	44	68	44
1980	31	32	77	?
1990	26	28	86	?
2000	20	30	90	?

（単位：万人）

（1） 1900年を外側，1960年を内側にした二重円グラフに，各年代の4市人口比を示しなさい。最外直径を114 mmとする。

（2） 四谷市の人口推移を，横軸に年代，縦軸に人口の直交尾根線グラフに示しなさい。1980年以降のデータがないが，外挿推定し，推定であることが見てわかるよう工夫しなさい。グラフの大きさを約100 mmとする。

（3） 一藤市，二高市，三成市の人口推移を，1つの直交尾根線グラフで示しなさい。グラフの大きさを約100 mmとする。

（4） これらのグラフからわかることを，余白に完結にまとめなさい。

V. プレゼンテーション

20. プレゼンテーションとは何か

<u>ポイント</u>

製図は**プレゼンテーションの手段**である。プレゼンテーションであるからには，伝えたいことが伝わるように製図しなければ意味がない。そのためには，まず動機を明確にした上で，5W1H，特に**何を**（内容），**なぜ**（目的），**いかに**（方法）について熟考することが重要である。

本節では，プレゼンテーション（presentation）とは何かを三段階に分けて説明し，製図する上での具体的な思考手順を知ってもらう。

<u>基　本</u>

プレゼンテーションとは，ある時ある場所において，ある目的である内容をある者に対してある方法により理解させる行為である。時（When），場所（Where），目的（Why），内容（What），相手（Whom）および方法（How）は5W1Hと呼ばれ，新聞でも小説でも映画でも，あるプレゼンテーションを実行する際に必ず重要となる項目である。

What どんな内容
Where どこで
When いつ
Whom どんな相手
Why なぜ
How いかに

プレゼンテーションの実施過程は，大きく三段階に分けられる。それは，**創製段階**，**資料作成段階**および**発表段階**である。製図行為そのものは実は資料作成段階のものであり，ここまでの本書の説明はこの段階に特化してきたわけだが，いよいよその前後段階を説明する時期がきたというわけだ。

〔1〕 創 製 段 階

プレゼンテーションすることに意義ありと決定する，**動機付け**の段階だ。プレゼンテーションすると決めた以上，5W1Hのうち，目的，内容，相手は少なくとも明確であるはずである。場合によっては時と場所にも考えが及ぶだろう。この段階でプレゼンテーションが方

向付けられるので，実はこの段階こそ**最も重要な段階**であるともいえる。

　ここまでの製図実習では，プレゼンテーションする内容は課題図面として与えてきたので，学生諸君はそれを模写するだけであった。与えられた内容なので，その重要性を理解するのは困難だったと思うし，それゆえ実習では模写という純技術的作業が延々と続いてきたのだ。もちろんこれはこれで技術習得に必要な訓練である。しかし本来は，何か訴えたい内容（What）があり，それが相手（Whom）にとってなぜ（Why）有用であり，だからどんな機会に（Where & When）プレゼンテーションされるべきかと考える段階が前もって存在しているのである。ここから考えてはじめてプレゼンテーションの意義が明確化され，やる気が出てくる（あるいは方向性が認識される）のである。

〔2〕　資料作成段階

　プレゼンテーションすると決めたら，実行の際に用いる道具や段取り等の検討に入ることになる。すなわち，いかに（How）プレゼンテーションすれば**効果的か**を考え，プレゼンテーション当日それを実行できるように準備をする段階である。例えばある新製品の概念図を，部品メーカーの技術者に渡すとしよう。諸君が考えることは，「その技術者にどんな図を用いて説明すれば正しい設計図を作ってもらえるだろうか？」や，「どんなデータで説明すればこの新製品の特徴をうまく理解してもらえるだろうか？」等ではなかろうか。

　「いかに」は，プレゼンテーションの**形式**と**構成に関する検討**ともいえる。プレゼンテーションにはビデオ形式，模型形式，パネル形式（画面に図面等を要素としてするプレゼンテーション形式）等がある。プレゼンテーションの内容や相手等を考慮しつつ，予算，準備期

間，会場の設備等の状況とも相談して決定する。本書は製図の教科書なので，形式はパネルとしよう。形式が決まったら，構成の検討に入る。構成については続く二節で詳細に説明するが，どんな**要素**をどんな**順番**でどう**関連付け**ながらプレゼンテーションを進めるかが構成である。ここでは「いかに」だけでなく，「何を」と「なぜ」も思い起こすとよい。例えば，新製品の性能が改善されたのであれば，従来製品の性能と新製品の性能とを数字で比較できる表やグラフが有効となる。

〔3〕 発 表 段 階

資料ができて，発表練習も万端，次は発表（提示，展示等を含む）するのみである。改めていっておきたいのは，発表段階にきて既にプレゼンテーション全体の作業の 90 ％ は済んでいるということである。つまり，プレゼンテーションの本質は発表そのものではなく（もちろん発表こそが最も直接的に重要であるが），**発表を支える創製と資料作成**なのである。素晴らしい創製と資料作成があってはじめて素晴らしい発表が可能となるのである。

表 20.1 に様々なプレゼンテーションに関して，それぞれの三段階が何かを例示してみた。実質の内容が出来上がる第二段階までは熟考を，第三段階では勇気と度胸が必要である。

表 20.1　様々なプレゼンテーションにおける三段階

	研　　究	劇・映画	音楽	恋愛
第一段階：創製	研究意義・内容	企画・原作	作曲	心のときめき
第二段階：資料作成	論文執筆・図版作成	脚本・演出・製作	演奏練習	想像・演出
第三段階：発表	掲載	公開（公演）	本番	告白

V. プレゼンテーション

発　展

人に何かを納得してもらうのだから，いいたいことがあるはずである。これが**結論**だ。しかし結論をいきなりいっても，相手は面食らうかもしれない。結論を相手に納得してもらうためには，自分の立場，結論を導こうとした動機，あるいは結論の生む効用を客観的に説明する必要がある。これを**背景**という。プレゼンテーションの際には，背景と結論を忘れてはならない。「**なぜ**」は**背景**に，「**何を**」は**結論**に直結しているともいえる。

背景 —論旨→ 結論

背景や結論は，一般的にも**命名に反映**されるのが好ましい。新製品の場合にはその商標，論文の場合はその題目，工学製図の場合には図面名称である。例えば「低摩擦軸芯モータ」という名を聞けば，そのモータの特徴は軸芯の摩擦が従来品よりも小さく，したがってその結果おそらくコストや軽量面で有利な上に寿命も長いであろうと推測できるわけである。

演　習

【20.1】　最後の章末課題は自由製図である。自由というからには，課題内容から諸君が検討しなければならない。逆にいうと，好きな製図をしてよいのだ。

というわけで，何を製図するかを検討しよう。139ページにある最終課題計画書式の上から空欄を埋めていけば，どんな製図をすればよいかイメージがわく。本節では背景と結論，すなわちWhatとWhyについて詰めてみよう。（1）と（2）の空欄を埋めなさい。

（1）　内容：せっかくの自由製図だ，この際諸君が一番描きたい物（事）を描こう。描きたい物（事），それは好きな物（事）じゃないかな？　〈例〉新幹線100系車両
　　　[　　　　　　　　　　　　　　　　　　　　　　　　　　　　　　　　　　　　　]

（2）　ポイント：では，なぜそれを描こうと思ったのか？　諸君はそれを描いて，読図者に何をいいたかったのか？　「これが気に入っている」とか，「ここが問題だ」という君の気持ちを明確化しよう。〈例〉二階建て車両が格好よい
　　　[　　　　　　　　　　　　　　　　　　　　　　　　　　　　　　　　　　　　　]

21. 要素と構成

ポイント

プレゼンテーションは，**要素を構成して**なる。要素およびその構成の出来は，**背景から結論に至る論旨**を相手がどれだけ理解できるかに大きな影響を及ぼす。**適切な要素を，適切に配置する**ことが重要である。ある特定の要素や構成を**強調**して印象付けることも，しばしば有効な手段となる。

本節では，要素の種類と構成方法について説明する。これは，前節のいわゆる資料作成段階における具体的な思考の流れである。

基本

要素とは，プレゼンテーションで用いるすべての道具のことである。また**構成**とは，要素どうしの関係のことである。道具といったのではわかり辛いだろうから例を挙げると，図面においては正面図，側面図，平面図，断面図，展開図等がこれに当たり，パネルにおいてはグラフ，説明文，図面，挿絵，表，キーワード等がこれに当たる。ついでながら，映画では登場人物や場面等が要素といえるし，音楽では主題旋律や伴奏和音等が要素であろう。

プレゼンテーションは**背景**に始まり**結論**に終わる。背景から結論までの構成の道筋を**論旨**という。結論を理解してもらうという最終目的はすなわち，まずは背景を理解して内容に興味を持ってもらい，論旨を納得して自分の考えに同感してもらい，結果的に論旨に従って導かれた結論を受け入れてもらうことであるといえる。論旨に沿って結論を導き出す際に，適切な要素を適切な構成で結びつけていくことが重要である。

要素をその機能により分類すると，おおむね次のとおりとなる。

（1） **要点**：本人の主張するプレゼンテーションの中核で，結論はこれを簡潔にまとめたものである。1つの要点に対して1つのプレゼンテーションを行うことが，論旨を簡明にする上で望ましい。

要点

（2） **理由**：ある要素の正当性を裏付ける要素で，工学分野では重要である。その要素に対して，それを支える関係をとる。

```
  ┌─────┐
  │ 要素 │
┌─┴─────┴─┐
│  理由   │
└─────────┘
```

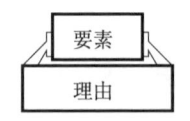

(3) **事例**：ある要素の具体例を示す要素。多いほどその要素の一般性を印象付けられるが，時間やスペース的な制限から普通は2例程度にとどめる。その要素に対して，その断片を見せる関係，わかりやすくいうと要素に付属する関係をとる。

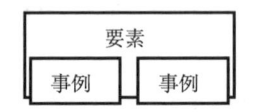

```
┌─────────┐
│   要素   │
├────┬────┤
│事例│事例│
└────┴────┘
```

(4) **説明**：ある要素を詳細に説明する要素。内容の核心に関して用いるべきである。その要素に対して，同格の関係をとる。

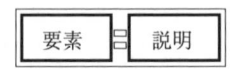

```
┌────┬────┐
│要素│説明│
└────┴────┘
```

(5) **逆説**：ある要素の反対内容を示す要素。反例として用い，その欠点を指摘することが多い。その要素に対して，対立関係をとる。

```
┌────┐      ┌────┐
│逆説│▷◁│要素│
└────┘      └────┘
```

(6) **参考**：ある要素の参考内容を示す要素。内容の補強にも用いられるが，この場合は飽くまで補助手段であり，主手段ならば理由や詳細に属すると考える。その要素に対して，並存関係をとる。

```
┌────┐ooo┌────┐
│要素│   │参考│
└────┘   └────┘
```

また要素の印象を強める手法として，**強調**が挙げられる。強調が上手にできると，論旨をより容易に理解してもらえる。強調の具体的な方法は，次の2種類に大別できる。

(1) **自分自身を強調する方法**：前者は，色を濃くしたり，大きく描いたり，太い線で描いたりして，それ自体を目立たせる方法である。文字の例では，白抜き，二重文字，太い文字，斜体文字等がそれに当たる。

(2) **何かを付帯させることで強調する方法**：枠線，マーキング等，それ自体以外の何かを用いて，それを目立たせる方法である。文字の例では，下線，＊印，背景着色等がそれに当たる。次節で説明する配置を念頭に説明するならば，強調の本質は要素や構成を周囲から区別することである。区別は，バランスを変化させることにより実現する。重要な要素や構成ほど，線や背景トーンを駆使して目立たせることが重要であ

21. 要素と構成

る。ただし，やりすぎるとかえって訳がわからなくなってしまうので気を付けよう。

1つのプレゼンテーションでは，**2つの要素**または**構成**程度が強調できる限界と考えるのがよいだろう。

プレゼンテーションの動機付けが明確であれば，どんな要素（プレゼンテーションがパネルの場合には図面等）が必要であるかがわかる。要素と構成は，前段階である**創製段階**で頭をしっかりと整理してから始めるとよい。例えば，この新製品の「デザイン」が奇抜なのか，「性能」が改善されたのか，「値段」が抜群に安いのか，何が特徴であるかによって説明の焦点が変わってくる。用いる図法も，全体がわかる「見取図」的なものがよいのか，時間履歴が追跡できるグラフが適しているのか等と考えるわけである。

【発　展】

工学分野で用いられる図は，グラフ，模式図，見取図（＝ポンチ絵の一種），平面図（＝一般的な工学図面）に大別される。また表も時として有効となるので，要素として用いる場合が多い。ここまで扱ってきた図面について，その特徴を再確認してみよう。

（1）　**グラフ**：ある項目に対する別の項目の空間的，時間的変化を示すものである。したがって項目どうし，あるいは同一項目において複数の対象物を比較する時に用いるのが適当である。どのグラフを用いるかは，IV章を参照されたい。グラフは単純な描画の割には，意味するところが深く複雑である場合が多い。それゆえグラフはできるだけ単純にし，余分な情報はグラフから割愛すべきである。図 21.1 はグラフの一例であり，鋼管 A および B の機械特性 YS（降伏強度），TS（破断強度），LS（弾性限界）の周方向（0 時から 12 時）依存性を示したものである。

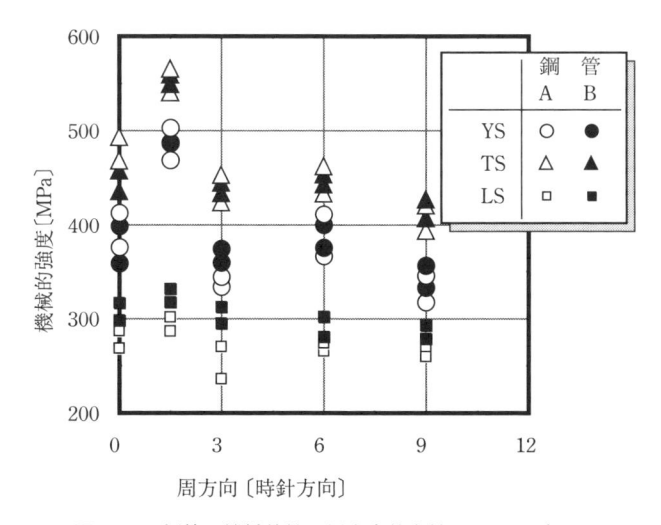

図 21.1　鋼管の機械特性の周方向依存性を示したグラフ

（2） **模式図**：物体というよりはシステムや思想，方法論等の物質的でない（見えない）事象を図式化して理解しやすくしたものである。抽象的なものの説明によく用いられる。模式図は形式が特に決まっていないので，どのような図にするかは個性と発想に大きく依存する。それゆえ，努力の見せ所でもある。図21.2は模式図の一例であり，ビデオとテレビの配線構造を，実際の複雑な配線状態を単純化（整理）して簡便に示したものである。

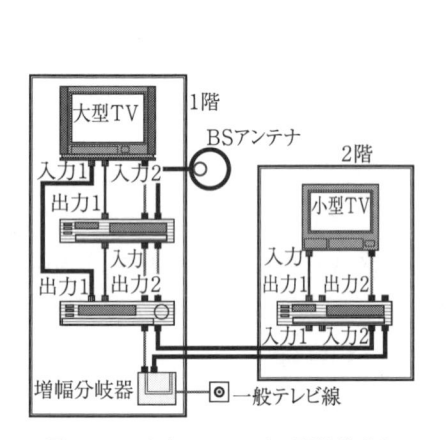

図21.2 ビデオとテレビの配線構造を示した模式図

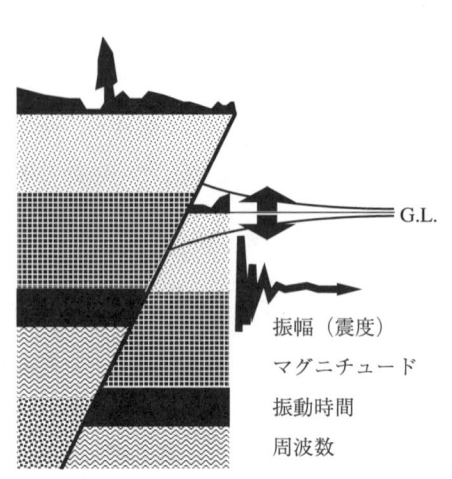

図21.3 地下の断面を仮想的に見た見取図

（3） **見取図（ポンチ絵）**：当然ながら，物体あるいは現象の全景や全体観を一見に示す時に適切である。見える景観を忠実に細描画する場合もあるし，要点だけを抽出描写する場合もある。写真または斜軸測投影図や直軸測投影図が多く用いられる。図21.3は見取図の一例であり，地下の断面を仮想的に見たとして活断層のずれが地震波を引き起こすことを示している。

（4） **平面図＝一般的な工学図面**：物体の輪郭線を忠実に描写した，設計図等に適した図面である。寸法設計や形状設計等の定量的な検討をする等，解析用の図として適している。通常，寸法や工作技法等が指示されており，白黒である。

参 考

論旨は，常識的（心情的）または科学的（現物的）に納得できるものでなければならない。論旨は幾つかの**論法**を組み立ててなっているが，幾つかの代表的な論法を紹介しよう。

　　　AとBは同等である。BとCは同等である。ゆえにAとCは同等である。
　　　AならばBである。この場合BでなければAでもない。
　　　AとBは共通の特徴Xを有する。この場合AとBは特徴Xに関しては同等である。
　　　AがBであると仮定するとすべてつじつまが合う。したがってAはBであろう。

21. 要素と構成   127

上記の A，B，C……が要素となる場合もあれば，各文章（句点から句点まで）が要素となる場合もある。要素構成が単独または複数組み合わさって，論法が出来ている。

[演 習]

【21.1】 以下の図面について，指定された内容をより強調しなさい。強調の方法は任意とする。

（1） Machine 3 を強調

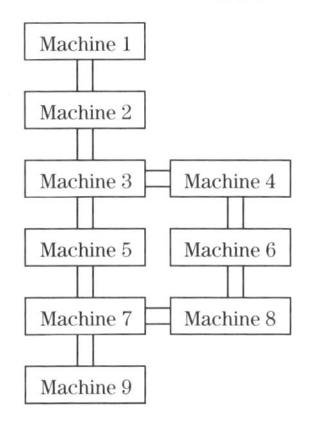

（2） 救急箱があることを強調

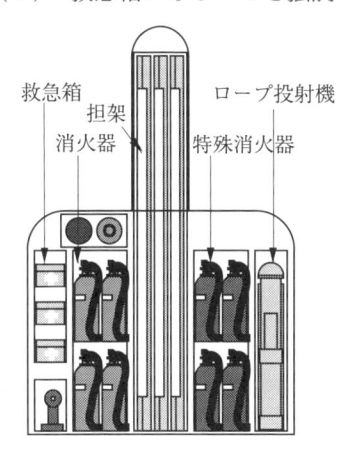

（3） 下から五階目を強調

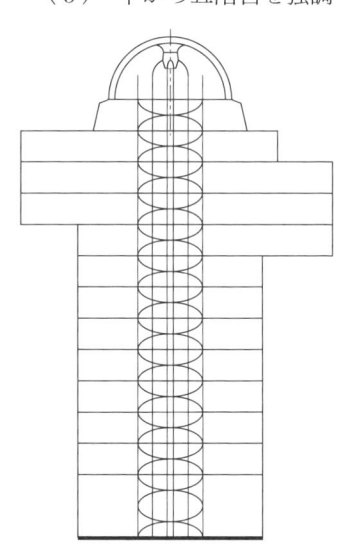

（4） ポンチが試験片の中心からずれた場所を押すことを強調

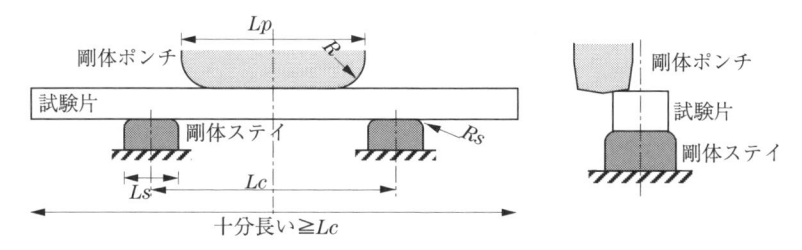

【21.2】 以下の要素の種類を記し，要素の構成を図示しなさい。

要素A：電気うなぎの体は金属ではない，つまり電気を通す有機素材は存在している。

要素B：機械αの部材βは，軽い方が好ましいが，電気も通したい。

要素C：このプラスチックの製造方法はこうである。

要素D：電気を通すプラスチックは，人間社会に有用である。

要素E：私はこの，電気を通すプラスチックを開発した。

要素F：機械αは，今まで部材βが金属製で重かった。

要素G：このプラスチックで，更に高速の新幹線が開発できると考えられる。

【21.3】 前節の続きだ。139ページ記載の最終課題計画書式の空欄のうち，Howについて詰めてみよう。（3）と（4）の空欄を埋めなさい。

（3） ポイントの深層心理を探る：前節（2）にポイントを書いたのを思い出そう。では，なぜそれがポイントなのか？ 気に入ったり問題視したりするからには，それなりの理由があるはずだ。君は自分の心に問いかけて，どうしてそういう気持ちになったかを徹底的に追及しよう。〈例〉内部が機能的で美しい

[　　　　　　　　　　　　　　　　　　　　　　　　　　　　　　　　　　　　]

（4） ポイントを訴えるための表現手段：ポイントの理由までクリアになれば，それをどうすれば読図者にわかってもらえるかを考えるのは困難ではないはずだ。1枚の絵でドーンと見せるか？ それとも断面図やグラフ等を駆使して説明するか？ 悩んでみよう。

〈例〉全体を説明するための外観図と内部の機能美を説明するための縦断面図

[　　　　　　　　　　　　　　　　　　　　　　　　　　　　　　　　　　　　]

22. 配　　　　　置

> ポイント

　要素を画面に配置して，資料は出来上がる。要素の**配置**（＝**レイアウト**）は，構成と論旨を考慮の上，相手の目の動きに合わせて出来栄えよくすることが重要である。すなわち，構成や論旨を無視した位置関係は構成や論旨を理解させる上で障害となるので避け，題目に始まり背景から結論までの論旨の流れは横書きスタイルにおいては基本的に**視道**（**左上から右下ライン**）上に順に配置すべきとなる。

　本節では，要素の配置を，要素の位置，順番，大きさ，濃淡，形等の観点からバランスをとることを説明する。

> 基　　本

　プレゼンテーションの内容が決まり，要素と構成も決まった。パネル製図作業においてはすなわち，パネルに包含する内容が決まり，それを説明するための図面も決まったことになる。いよいよ最後に，それを1枚（場合によっては複数枚）の画面（大抵は紙面）に収める，配置を行う。これでパネルが出来上がるぞ。映画や音楽においては，最初から最後までストーリーがつながり，ついに完成するわけである。

　配置にはある基本則がある。これはこうするのがよいという**経験則**で，規則や理屈のような強い性格のものではない。横書きスタイルの工学製図においては，それらは以下のとおりである。

（1）　相手の目は，**小さく左右に移動しながら大きく上から下へ移動する**。これを考慮して，論旨の流れを妨げない配置をする。

（2）　表題に始まり，背景，結論等の**重要な要素**は，左上から右下を結んだライン上付近に，左上から右下に向かって順に配置する。このラインを視道と呼ぶ。

（3）　構成が意味する**関連性**が大きいほど，互いに近くに配置する。近くに配置できなかった場合には，関連性を明示する工夫（例えば矢印や番号等の記述）をすべきである。

（4）　**構成**がわかるように工夫するとよい。

（5）　各要素の形は，なるべく**単純**な長方形や楕円形状とする。複雑な形となった場合や各要素の形が激しく異なる場合には，要素間の境界線を明確にさせる工夫をする。

（6）　大きな要素は，中央付近に配置するのがよい。

（7）　濃度，色彩，文字と絵等のバランスがとれていることが望ましい。

横文字世界では，目の動きはどうしても左上から右下へとなる。これは，そのページの**文書の始点と終点**を考えると納得いく。**図22.1**は，縦書きおよび横書きのページにおける始点から終点を矢印で結んだもの（＝視道）である。TVの野球放送でも，左上と右下にカウント表示されていることが多い。すなわち製図を見る相手の目は，最初に左上に行き，次に画面中央を経て，最後に右下に達する。パネル上における論旨の流れは，**その動きと同期し**ているのがよい。もしそうでないと，説明の順序が正しく追跡されずに相手の理解を疎外することにもなり兼ねない。

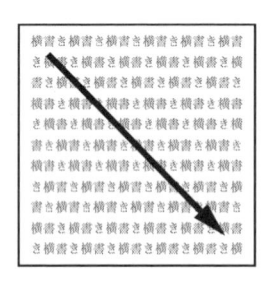

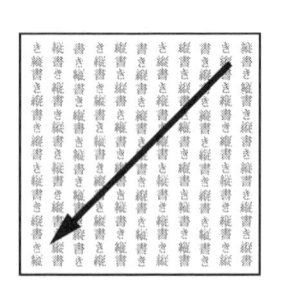

図22.1 縦書きおよび横書きのページにおける視道

配置は構成を踏襲したものがよい。特にこれでなければならない法則性はないが，例えば次の例等はいかがだろう。

(1) **要点要素**：これは結論のすぐ左上か，あるいは目立つ中央がよいだろう。
(2) **理由要素**：着目している要素に接している位置がよい。重要な理由であれば視道上に近づけ，そうでなければ離しぎみにする。
(3) **事例要素**：これも着目している要素に接している位置がよく，枠のくくり方や要素の大きさ等で事例の従属的立場を表現すると一層よいかもしれない。一般的にはお目当ての要素の下側だろうか。
(4) **説明要素**：着目している要素の右横から下に接する位置がよい。
(5) **逆説要素**：他の要素と比較すると，着目している要素からやや離しぎみに位置させることになる。着目している要素から見て，視道から離れる方向（視道と直角に近い方向）に位置させるとよい場合が多い。
(6) **参考要素**：他の構成を邪魔しない位置に配置することになる。

なお，画面スペースの都合上，要素どうしが接近しすぎる場合には，遠い関係の要素の間隙に**境界線**を入れるなどの工夫をするのもよい。

| 発　　展 |

ここまでで機能的な配置検討は終わりである。工学的にはこれで十分である。しかし，工

22. 配置

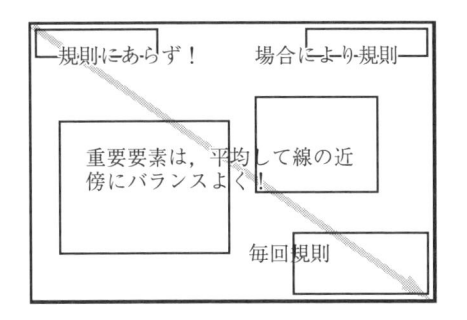

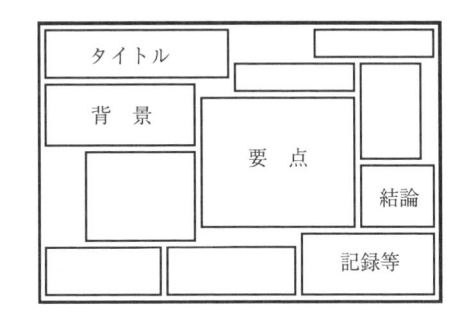

学プレゼンテーションだから内容さえしっかりしていればよいという意見ももっともだが，見やすいプレゼンテーションや見栄えのあるプレゼンテーションの方が相手も一層気持ちよいというものである。気持ちが良くなると相手の理解度も高まるとは思わないかな？

ここからは機能ではなく感覚の話である。すなわち，パネル全体の見栄えを向上させるべく，**バランスをとった配置**を仕上げる。では，何のバランスをとるべきだろうか？

まずは要素の幾何学的バランスをとろう。要素が一つの形状をした部品であると考えて，各形状を配置するのである。5節でポジとネガの話をしたが，要素がポジ，余白がネガであると考える。ポジとネガがバランスよく混ざっているのがよい状態であり，**図22.2**のようにある個所にポジまたはネガを集めてしまうと画面全体が傾いてしまう感覚になる。また各ポジおよびネガの形状についても，**程よく変化を付けて**見栄えよくする。長方形形状のポジが並ぶ時には，同じ長方形でも縦横比の異なるようにするか，大小に変化を付ける等の工夫ができる。向きを変化させる工夫もできるが，中途半端はかえって見苦しいので，さりげなくやるか徹底的にすべきである。形状を徐々に変化させてもよいし，要素の機能に合わせて形状分類をしてもわかりやすい。

図 22.2　バランスが崩れた配置の横書きプレゼンテーションパネルの例

次に線の重量，すなわち画面の**黒さ（濃淡）**についてバランスをとろう。線とは，次項に説明する枠のほかに，文字やグラフ等も一切が線からなっていることをお忘れなく。線は黒い。画面の1箇所や特定域だけが異様に黒いのは，要素ごとには問題ないとしても，全体と

132　　V．プレゼンテーション

しては見苦しい。

　ただし，バランスは**飽くまで感覚的**なものであり，機能的な位置関係や強調を阻害してまで固執すべきではない。例えば，結果として視道上に重量が集中することがあっても，意図的にそうする必要はない。またバランスが崩れても，あえてバランスをとるために要素を下手に変更する必要はない。バランスがどうしてもとれない場合には，次項に説明するように画面背景にグラデーション等を用いてバランスをとる等の技もある。バランスのとれた配置を考え付くためには，バランスのとれた配置例をたくさん見て体で覚えるのが最もよいだろう。工学製図の場合には美術ほどはバランスに重点が置かれないので，そこそこよいバランスさえ得ればそれで充分である。

［体　験］

　横長のパネル1枚に配置した幾つかの例を示す。これらは飽くまで例なので，絶対の正解とは思わないでもらいたい。配置でいろいろ悩むのはよいことなので，諸君もぜひ頭を痛めてもらいたい。

　図 **22.3** は，要点が1つで，すべての補足説明がその周囲に配置されている例である。図 **22.4** は，要点が1つだが，情報が階層的に複雑に配置された例である。図 **22.5** は，主な要素が2つの例で，ストーリーはタイトル，第一主要素，第二主要素，結論と流れる。主要素は，要点や他の重要な要素である。図 **22.6** のように，主要素が3つ横に並ぶことも可能で

22. 配　　　　置　　133

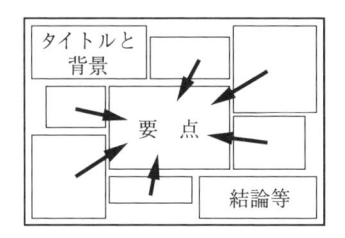

図 22.3　一要点で他の要素がすべてその要点と直接関係している配置例

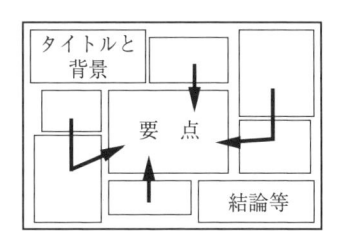

図 22.4　一要点で構成が多階層的な配置例

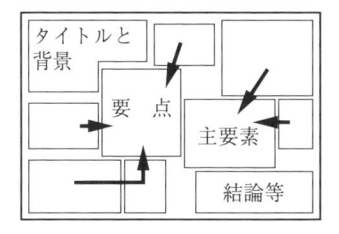

図 22.5　二主要素の配置例

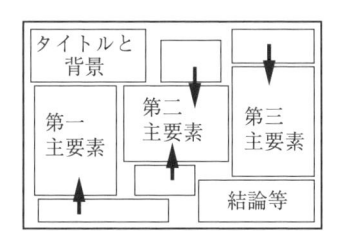

図 22.6　三主要素の配置例

ある。同様に上下に並べることも可能だが，その場合は各主要素の形がつぶれる。

　図 22.7 に，実際のプレゼンテーションパネルを示す。タイトル，三面図，外観図，使用例図，概要文，工程概説文からなる。これを見て，どんな物で，どうやって作って，どう使うかがわかると思う。

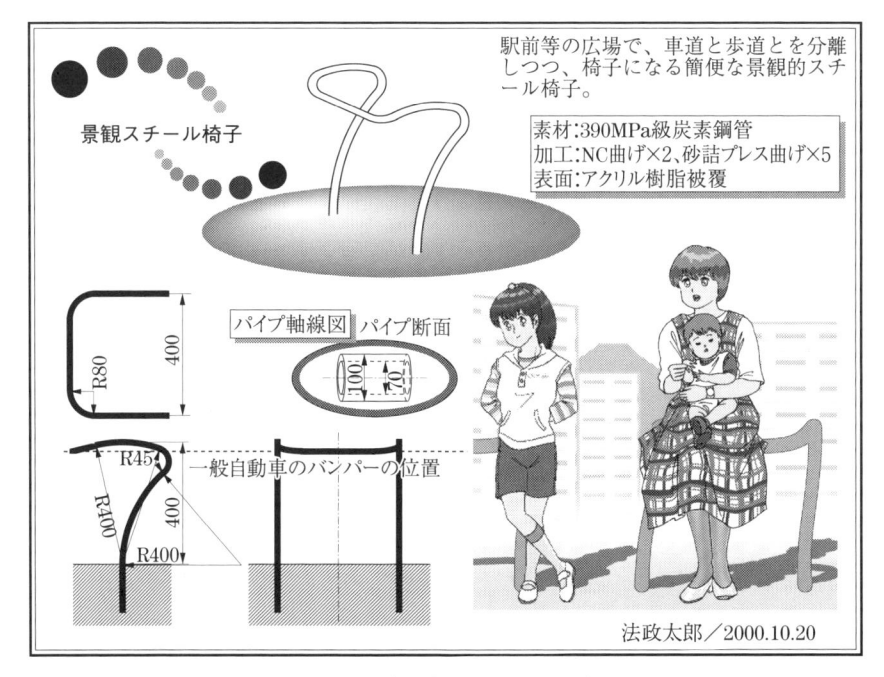

図 22.7　プレゼンテーションの例

134　　V．プレゼンテーション

　補　足

　工学製図では，**右下の表題欄**は規則で定められている。また図面が多数ページにまたがる場合の全体図や，部品図を多く掲載している場合には，**右上にページや部品の番号一覧**を設けることも規則で定められている。本書の課題では左上に課題タイトルを入れているが，これは規則にはない。それにもかかわらず左上に課題タイトルを入れているその心は，相手はここを最初に見るからである。したがって工学製図ではともかく，これが一般プレゼンテーションであれば，間違いなく左上は重要な場所となる。

　バランスを考える時には，図面や文章等の要素を枠で考えると楽である。枠は必ずしも長方形である必要はないが，**図 22.8** に示すようないわゆる腹切り（横に枠が切られているような配置）や縦割りは，そこで内容が大きく分断されてしまう感覚を与えるのでよくない。

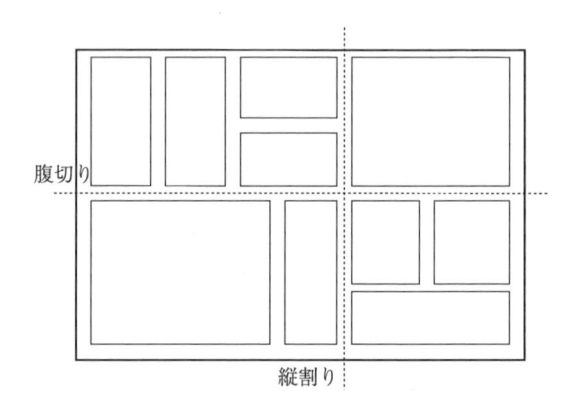

図 22.8　腹切りと縦切りの例

　秘　話

　漫画と新聞は，配置が殊に複雑なプレゼンテーションである。しかし複雑な配置の中にも，ある規則性が存在する。その規則性は，他のプレゼンテーションにも共通のものであるので，ここで紹介して諸君の参考としてもらいたい。

　まず，文字の書き方が縦横のいずれか決める必要がある。日本語は縦にも横にも文字を並べられる，特殊な言語である。新聞と漫画は，期せずしていずれも縦書きである。縦書きの場合には横書きの場合と異なり，目の基本的な動きは上下移動をしながらの右から左への動きとなる。この場合の視道は，既述のとおり右上から左下のラインとなる。

　この動きを遮るのは，横線ではなく**縦線**である。**図 22.9** には，①～③の異なる縦線衝突パターンを示す。パターン①は下に横線が続いているので，その横線に沿って目線は更に左に移動する。今まで見ていた枠が下の横線に乗って左にスライドしたと考えてもよい。パターン②は，下の横線がたった今衝突した縦線で止まっている場合である。この場合は，

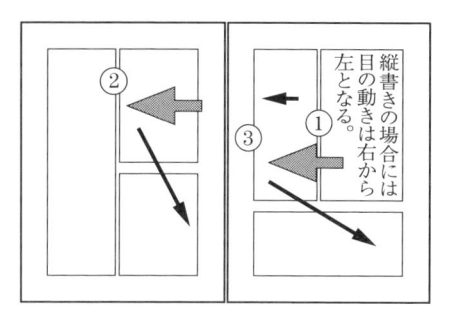

図 22.9　交差型コマ割りの例

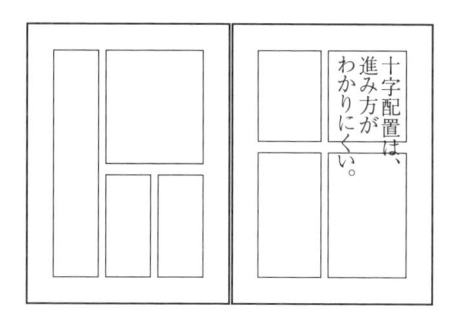

図 22.10　縦書き漫画または新聞のコマ割り基本例

縦線に沿って目線は下に移動する．同様に，枠が縦線に沿って下にスライドしたともいえる．パターン③はページの端である．この場合は，一般的には有無をいわせず目線は下へ移動，今最も下でそれ以上，下がない場合には，次のページに移動する．

　すなわち，縦線と横線の強弱は**どちらがもう一方を止めているか**によって決まり，目線が縦線と衝突したらその強弱関係により目線の移動先が決まるのである．したがって，縦線と横線が十字交差するような**図 22.10** の枠組みは，目線の移動先が一意に決まらないので一般的にはよくない．更に細かい枠（漫画の場合はコマという）の分割も，上記の規則に従って行われる．

　さて一般工学分野では，普通は横書き書体が用いられる．横書きの場合にも同様の規則がある．ただし，横書きでは目の基本的な動きは左右移動をしながらの上から下への移動となる．したがって，縦線と横線との強弱関係を考えながら，**原則的には下へ**，**横線**によりそれが止められたら右へ移動する規則となる．**図 22.11** に，図 22.9 に対応する横書きの場合のコマ割り理論を示す．

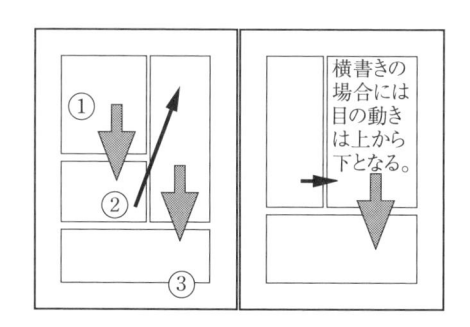

図 22.11　横書き漫画または新聞のコマ割り基本例

　縦書きと横書きを併用する場合もある．この場合には，どちらが主たる書式かを明確化し，基本規則を見いだす．部分的には規則と書式とが適合していなくてもよいし，場合によってはある強調された枠中において規則を変更してもよい．

演 習

【22.1】 左に示す各要素を，右の画面内にバランスよく配置しなさい。要素枠の寸法は正確に写さなくともよいが，詳細説明は番号順に並べること。また，枠線の太さを適当に変えることで重要度に応じた強調をしなさい。

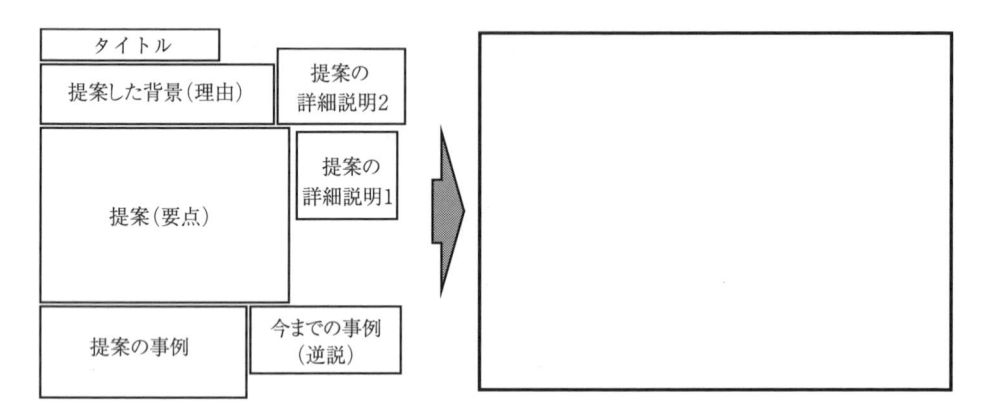

【22.2】 左に配置された要素枠の間に，区分して論旨を追いやすくするための補助線を入れなさい。入れるに当たっては，論旨の流れを妨げないよう留意しなさい。

また，右に配置された要素枠の背景に適当なハッチングを施して，濃淡のバランスを全体としてとりなさい。ハッチングの詳細は一任する。

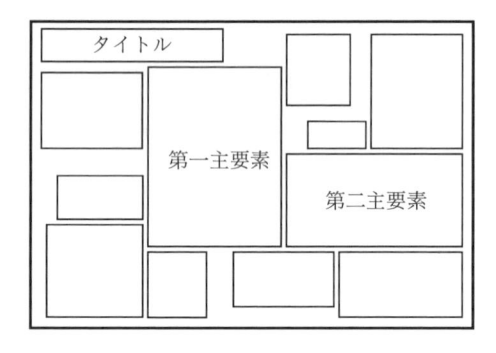

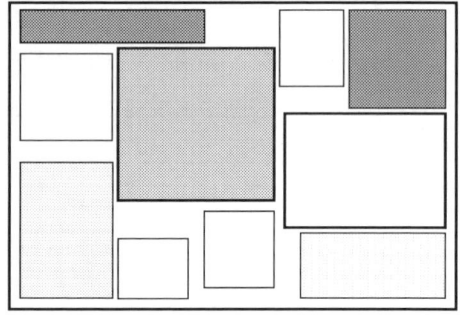

【22.3】 さあ，いよいよ最終課題計画書式（139ページ）が完成だ。残っている空欄(5)を埋めなさい。

（5） 配置：前節までで何を1枚の画面に収めればよいかを決定した。あとはそれを効果的に配置させるだけである。バランスを考えてやってくれたまえ。

課題 V

次ページの最終課題計画書式のすべての欄を記入の後，それに従って自由製図を完成させなさい。用紙はA3ケント紙とし，所定の枠は従来章末課題の寸法と同一とする。

なお，いきなり複数の要素を予定どおり正確な位置に配置するのは困難である。下書きの補助線として各要素の枠線を最初に薄目（後から消す）に描いて，その線に従って枠内で各要素内の構図を決めるのもよいだろう。

◆補足◆
完成イメージは一例である。諸君は諸君のパネルを製図してくれたまえ。なお，参考までに補足しておくと，完成イメージでは図番号①と説明文のマーキングAと記号振りを違え，参考文献や引用データは右下に注釈した。

＜完成イメージ＞　　A3（297×420）

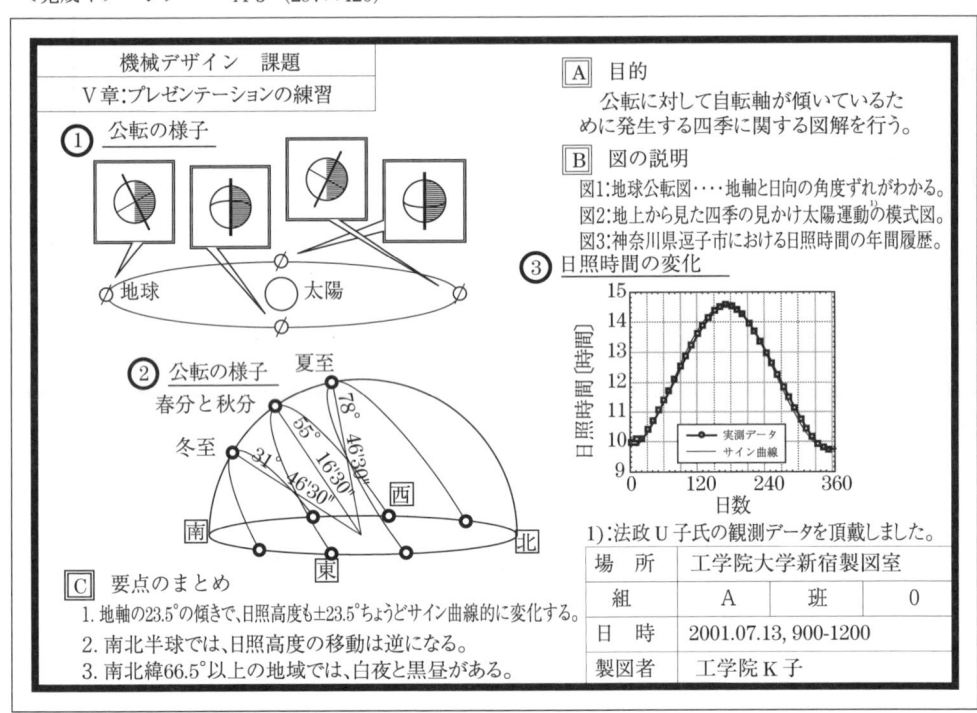

課題 V　139

=== 機械デザイン ===

最終課題計画書式

サイン

氏名：　　　　（　　）　組：　　班：

ガイドに沿って考えていこう！　　　　　　　　君の埋めるべき欄だ！

1) **最終課題の内容**
　　せっかくの自由製図，この際君が一番描きたい物（事）を描こう！描きたい物（事），それは好きな物（事）？

　　＜例＞新幹線100系車両

2) **最終課題のポイント**
　　では，なぜそれを描こうと思ったのか？　君はそれを描いて，読図者に何をいいたかったのか？　「これが気に入っている」とか，「ここが問題だ」という，君の気持ちを明確化しよう。

　　＜例＞二階建て車両が格好良い

3) **ポイントの深層心理を探る**
　　では，なぜそれがポイントなのか？　気に入ったり問題視したりするからには，理由があるはずだ。君は自分の心に問いかけて，どうしてそう言う気持ちになったかを追求しよう。

　　＜例＞内部が機能的で美しい

4) **ポイントを訴えるための表現手段**
　　ポイントの理由までクリアになれば，それをどうすれば読図者にわかってもらえるかを考えればよい。1枚の絵でドーンと見せるか？　それとも断面図やグラフ等を駆使して説明するか？

　　＜例＞外観図と縦断面図

5) **レイアウト**
　　これで何を1枚の画面に納めればよいかが決定した。あとはそれを効果的に配置させるだけだ。バランスを考えて。

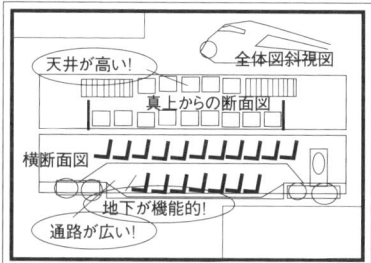

　　＜例＞
　　（天井が高い！／全体図斜視図／真上からの断面図／横断面図／地下が機能的！／通路が広い！）

コメント

索　　　引

【あ】

アナログ処理	85
アニメーション漫画	88

【い】

一点鎖線	6
陰	72
陰影	23
陰影線	8

【え】

影	72
円	69,77,90
円弧	11,17
円錐切り	69

【お】

奥行き	38,47,52

【か】

開曲線	11
外形線	48
鏡	64
角の等分	13
隠れ線	8
加算法	44,48
カバリエ投影図	49
関数	80,90,101,105

【き】

基線	47
平面図——	47
立面図——	47
逆説	124,130
CAD	20

【き】 (続)

境界線	8,129
強調	8,114,123,135
曲面	60
キーワード	123

【く】

グラフ	84
円——	107
尾根線——	105
積層——	107
線——	105
等高線——	106
柱——	107
比率——	107
面——	105
グルーピング	111

【け】

結論	122,132
減算法	44,48

【こ】

工学	2,30,101,123
格子線	59,67
構成	121,123,129
光線	72
交線	63,67
交点	61,67
5W1H	119
コミュニケーション	8
コンパス	4,11

【さ】

挿絵	123
参考	124,130
三次曲線	101

【し】

指数関数曲線	101
視線	30
実線	6
視点	29,54
視道	129
地面	24
地面線	48,52
斜軸測投影図	47,126
斜軸測投影法	30,35
縮率	41
主対象	29
主要素	132
定規	7
円——	11
曲線——	5,11,102
三角——	4,23
楕円——	11
直線——	4
消点	38,52
焦点	70,94
焦点法	92
情報（伝達）	3,32,87,105
資料作成段階	119
事例	124,130
新聞	134

【す】

スクリーントーン	26
図法	35
図面	3,6,120,123
寸法線	8

【せ】

正規分布曲線	101

正弦曲線	101	展開図	123	【ふ】		
正五角形	15	点　線	7	フィレット	17	
正投影図	30, 41	【と】		副円法	93	
三面――	41, 53, 59	投　影	34, 60	太　線	6	
正投影法	35	投影線	34, 42, 47, 60	フリーハンド	11, 102	
設計図	24	中心直線――	34	プレゼンテーション		
切　断	67, 76, 81	平行直線――	34		119, 123, 129	
切断面	67, 94	投影法	34	分　類	111	
説　明	124, 130	投影面	34, 42, 47, 60	【へ】		
説明文	123	――線	48	閉曲線	11	
漸近線	99	平面――	34	平面図	44, 48, 123	
漸近線法	93	等角投影図	41	べ　た	21, 67	
線　分	6	透視投影		【ほ】		
――の等分割	23	一点――図	39, 52	放物線	69, 90	
――の二等分	13	三点――図	39, 52	補　間	111	
【そ】		――法	36	ポ　ジ	29, 131	
相　貫	76	二点――図	39, 52	補助線	8, 20	
双曲線	69, 90	ト　ーン	21, 26, 124	補助点	53	
創製段階	119, 125	【に】		ほ　ぞ	76	
側面図	44, 123	似顔絵	33	細　線	6	
【た】		二直線	69, 90	ポンチ絵	32, 125	
第一象限	59	二点鎖線	7	【ま】		
第三角法	59	【ね】		マーク	114	
対数関数曲線	101	ネ　ガ	29, 131	漫　画	134	
楕　円	20, 69, 90, 92	【は】		【み】		
多平面	63	背　景	122	見取図	24, 125	
端　点	59, 80	配　置	123, 129	ミリタリ投影図	49	
断面図	67, 123	破　線	6	【む】		
【ち】		パターン認識	84	無限遠方	38, 52	
中　線	6	ハッチング	23, 67	【も】		
注目面	34, 41	発表段階	119	網　膜	34	
鳥瞰図	24	バランス	131	模式図	30, 125	
直軸測投影法	30, 35	半減関数曲線	101	模　写	29, 120	
直軸測投影図	41, 126	【ひ】		模　様	8, 26, 114	
直　線	6, 20, 60, 67, 94	表	123			
【て】		標高投影図	30			
ディジタル処理	84					
ディバイダ	13					
展　開	80					

【よ】

陽	72
要素	121, 123, 130
要点	123, 130

【り】

離心率	69, 90
立方格子	37

立面図	44, 48, 123
理由	123, 130
履歴	80
輪郭	29, 72
輪郭線	8, 73, 126

【れ】

レイアウト	129

【ろ】

論旨	123, 129
論法	126

【わ】

枠組法	93

―― 著 者 略 歴 ――

菱田　博俊（ひしだ　ひろとし）
- 1987 年　東京大学工学部原子力工学科卒業
- 1992 年　東京大学大学院工学系研究科
　　　　博士課程修了（原子力工学専攻）
　　　　博士（工学）
- 1992 年　新日本製鐵株式会社勤務
- 2010 年　工学院大学准教授
　　　　現在に至る

御法川　学（みのりかわ　がく）
- 1991 年　法政大学工学部機械工学科卒業
- 1993 年　法政大学大学院工学研究科博士
　　　　前期課程（機械工学専攻）
- 1993 年　株式会社荏原総合研究所勤務
- 1999 年　法政大学助手
- 2001 年　博士（工学）（東京工業大学）
- 2002 年　法政大学講師
- 2004 年　法政大学助教授
- 2007 年　法政大学准教授
- 2010 年　法政大学教授
　　　　現在に至る

直井　久（なおい　ひさし）
- 1965 年　東京大学工学部機械工学科卒業
- 1965 年　八幡製鐵株式会社（現　新日本製鐵
　　　　株式会社）勤務
- 1993 年　博士（工学）（東北大学）
- 1997 年　法政大学助教授
- 1999 年　法政大学教授
- 2011 年　法政大学定年退職

機械デザイン
The Textbook for Engineering Presentation
© Hirotoshi Hishida, Gaku Minorikawa, Hisashi Naoi 2002

2002 年 1 月 18 日　初版第 1 刷発行
2016 年 9 月 30 日　初版第 3 刷発行

検印省略

著　者　菱　田　博　俊
　　　　御　法　川　学
　　　　直　井　　　久
発行者　株式会社　コロナ社
　　　　代表者　牛来真也
印刷所　壮光舎印刷株式会社

112-0011　東京都文京区千石 4-46-10

発行所　株式会社　コロナ社
CORONA PUBLISHING CO., LTD.
Tokyo Japan

振替 00140-8-14844・電話(03)3941-3131(代)
ホームページ http://www.coronasha.co.jp

ISBN 978-4-339-04561-1　（柏原）　（製本：グリーン）
Printed in Japan

本書のコピー，スキャン，デジタル化等の無断複製・転載は著作権法上での例外を除き禁じられております。購入者以外の第三者による本書の電子データ化及び電子書籍化は，いかなる場合も認めておりません。

落丁・乱丁本はお取替えいたします

コロナ社創立80周年記念出版〔創立1927年〕

電気鉄道ハンドブック

電気鉄道ハンドブック編集委員会 編　**内容見本進呈**
B5判／1,002頁／本体30,000円／上製・箱入り

監修代表：持永芳文（(株)ジェイアール総研電気システム）
監　修：曽根　悟（工学院大学），望月　旭（(株)東芝）
編集委員：油谷浩助（富士電機システムズ(株)），荻原俊夫（東京急行電鉄(株)）
（五十音順）　水間　毅（(独)交通安全環境研究所），渡辺郁夫（(財)鉄道総合技術研究所）
（編集委員会発足時）

21世紀の重要課題である環境問題対策の観点などから，世界的に個別交通から公共交通への重要性が高まっている。本書は電気鉄道の技術発展に寄与するため，電気鉄道技術に関わる「電気鉄道技術全般」をハンドブックにまとめている。

【目　次】

1章　総　論
電気鉄道の歴史と電気方式／電気鉄道の社会的特性／鉄道の安全性と信頼性／電気鉄道と環境／鉄道事業制度と関連法規／鉄道システムにおける境界技術／電気鉄道における今後の動向

2章　線路・構造物
線路一般／軌道構造／曲線／軌道管理／軌道と列車速度／脱線／構造物／停車場・車両基地／列車防護

3章　電気車の性能と制御
鉄道車両の種類と変遷／車両性能と定格／直流電気車の速度制御／交流電気車の制御／ブレーキ制御

4章　電気車の機器と構成
電気車の主回路構成と機器／補助回路と補助電源／車両情報・制御システム／車体／台車と駆動装置／車両の運動／車両と列車編成／高速鉄道／電気機関車／電源搭載式電気車両／車両の保守／環境と車両

5章　列車運転
運転性能／信号システムと運転／運転時隔／運転時間・余裕時間／列車群計画／運転取扱い／運転整理／運行管理システム

6章　集電システム
集電システム一般／カテナリ式電車線の構成／カテナリ式電車線の特性／サードレール・剛体電車線／架線とパンタグラフの相互作用／高速化／集電系騒音／電車線の計測／電車線路の保全

7章　電力供給方式
電気方式／直流き電回路／直流き電用変電所／交流き電回路／交流き電用変電所／帰線と誘導障害／絶縁協調／電源との協調／電灯・電力設備／電力系統制御システム／変電設備の耐震性／変電所の保全

8章　信号保安システム
信号システム一般／列車検知／間隔制御／進路制御／踏切保安装置／信号用電源・信号ケーブル／信号回路のEMC/EMI／信頼性評価／信号設備の保全／新しい列車制御システム

9章　鉄道通信
鉄道と通信網／鉄道における移動無線通信

10章　営業サービス
旅客営業制度／アクセス・乗継ぎ・イグレス／旅客案内／付帯サービス／貨物関係情報システム

11章　都市交通システム
都市交通システムの体系と特徴／路面電車の発展とLRT／ゴムタイヤ都市交通システム／リニアモータ式都市交通システム／ロープ駆動システム・急こう配システム／無軌条交通システム／その他の交通システム・都市交通の今後の動向

12章　磁気浮上式鉄道
磁気浮上式鉄道の種類と特徴／超電導磁気浮上式鉄道／常電導磁気浮上式鉄道

13章　海外の電気鉄道
日本の鉄道の位置づけ／海外の主要鉄道／海外の注目すべき技術とサービス／電気車の特徴／電力供給方式／列車制御システム／貨物鉄道

定価は本体価格＋税です。
定価は変更されることがありますのでご了承下さい。

図書目録進呈◆

工学分野を横断する制振技術の集大成！

制振工学ハンドブック

制振工学ハンドブック編集委員会 編／B5判／1,272頁／本体35,000円（上製・箱入り）

[内　容]

本書は振動・音響工学における制振機能の役割について，多くの分野から具体的事例を取り入れ解説した。どのような振動・音響問題に対して制振は有効か，また効果が出にくい条件はなにかなどについてわかりやすく体系的にまとめた。

[主要目次]

1.**基礎理論**（総論／制振とその機能／ミクロの制振機構／マクロの制振機構／いろいろな制振機構／制振の基本モデルと数式的表現／動的モデルにおける制振の挙動）2.**制振材料**（総論／高分子系制振材料／制振金属・合金／制振鋼板／インテリジェント材料）3.**計測技術**（総論／制振特性／吸音・遮音特性／動吸振器特性／数値解析パラメータ計測・評価技術／計測・評価装置）4.**解析・適用技術**（総論／解析技術／実験的解析技術／構造系の振動低減への適用技術／音響系・流体系の騒音低減への適用技術／適用技術の考え方／具体的適用事例／アクティブ制御）5.**利用技術**（総論／産業別制振技術の適用）6.**基礎資料**（総論／研究の動き／基準・規格／法規／材料のデータベース／構造集）

塑性加工全般を網羅した！

塑性加工便覧 [CD-ROM付]

日本塑性加工学会 編／B5判／1,194頁／本体36,000円

[まえがき（抜粋）]

塑性加工分野の学問・技術に関する膨大かつ貴重な資料を，学会の分科会で活躍中の研究者，技術者から選定した執筆者が，機能的かつ利便性に富むものとして役立て，さらにその先を読み解く資料へとつながる役割を持つように記述した。

[主要目次]

総論／圧延／押出し／引抜き加工／鍛造／転造／せん断／板材成形／曲げ／矯正／スピニング／ロール成形／チューブフォーミング／高エネルギー速度加工法／プラスチックの成形加工／粉末／接合・複合／新加工／特殊加工／加工システム／塑性加工の理論／材料の特性／塑性加工のトライボロジー

定価は本体価格＋税です。
定価は変更されることがありますのでご了承下さい。

図書目録進呈◆

新版 ロボット工学ハンドブック

日本ロボット学会 編
（B5判／1,154頁／本体32,000円）
CD-ROM付

編集委員長　増田良介（東海大学）

刊行のことば

　「ロボット工学ハンドブック」が刊行されてからすでに15年が経過しようとしています。ロボット工学の分野はこの間飛躍的な進歩を遂げてきており，このたび，現代のロボット工学・技術に対応すべく全面的に改訂を行った「新版ロボット工学ハンドブック」を刊行することになりました。旧版の発行より十年余の間にヒューマノイドロボット，ペットロボット，福祉ロボットなどが登場し，加藤一郎前委員長の予測が徐々に現実のものとなりつつあります。これはコンピュータをはじめとする関連技術の進歩もありますが，ロボット研究者・技術者のたゆまぬ地道な努力に支えられたものにほかなりません。そして「ロボット工学ハンドブック」もその発展の一助になってきたと考えられます。

　本ハンドブックは旧版と同様に，専門家だけでなく幅広い読者を対象としたものです。そしてロボットの専門分野とともに学際的な知識が得られるように配慮して構成し，今後の発展が期待されるロボットの先進的な分野や応用分野についてもできる限り網羅的に収録しています。本書は，ロボットに関連するあらゆる分野のさらなる発展に資することが期待されます。

主要目次

〔第1編：基礎〕ロボットとは／数学基礎／力学基礎／制御基礎／計算機科学基礎，〔第2編：要素〕センサ／アクチュエータ／動力源／機構／材料，〔第3編：ロボットの機構と制御〕総論／アームの機構と制御／ハンドの機構と制御／移動機構，〔第4編：知能化技術〕視覚情報認識／音声情報処理／力触覚認識／センサ高度応用／プラニング／自律移動，〔第5編：システム化技術〕ロボットシステム／モデリングとキャリブレーション／ロボットコントローラ／ロボットプログラミング／シミュレーション／操縦型ロボット／ヒューマンインタフェース／ロボットと通信システム／ロボットシステム設計論／分散システム／ロボットの信頼性，安全性，保全性，人間共存性，〔第6編：次世代基盤技術〕ヒューマノイドロボット／マイクロロボティクス／バイオロボティクス，〔第7編：ロボットの製造業への適用〕インダストリアル・エンジニアリング／製造業におけるロボット応用／各種作業とロボット／ロボットを取り巻く法律等，〔第8編：ロボット応用システム〕製造業以外の分野へのロボット応用／医療用ロボット／福祉ロボット／特殊環境・特殊作業への応用／研究・教育への応用，〔資料〕

本書の特長

　1990年版発行から十余年のロボット関連の研究・開発・応用の進展に対応するため，350ページ増を含めて全面改訂／ヒューマノイドロボット，マイクロ・ナノロボット，医療・福祉ロボットなど新しいテーマについて解説を収録／ロボット応用（製造業）では経営システム工学の専門家の協力を得て生産管理の面から応用まで体系的に解説／各編の内容を10ページに要約して紹介し，ハンドブック全体の内容を短時間に把握可能として使いやすさを実現／ハンドブックを起点に発展的に活用できるよう参考文献を充実／CD-ROMに本文で紹介の写真・図や関連の動画とともに，詳細目次・索引，1500語の英日対応用語集などを収録し，多岐に利用できるようにした。

定価は本体価格＋税です。
定価は変更されることがありますのでご了承下さい。

図書目録進呈◆